※シートはかならずコピーして、みんなで使《つか》ってください。

ゼロから楽しむ！プログラミング

調《しら》べるシート

名前

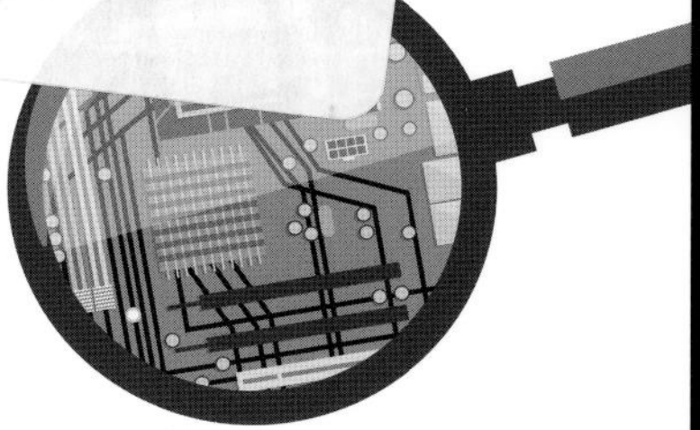

コンピュータが入っているものといないものをさがしてみよう！

身《み》のまわりのものを調《しら》べてみよう！
どんなものに、コンピュータが入っているかな？

	コンピュータが入っているもの	コンピュータが入っていないもの
家の中 		
町の中 		
学校 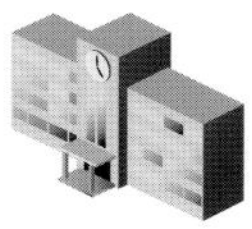		

監修《かんしゅう》のことば

小林祐紀

茨城大学教育学部 准教授

ようこそ！ プログラミングの世界《せかい》へ

この書籍《しょせき》を手に取《と》ったあなたは、プログラミングに関心《かんしん》がある人でしょう。
でも、プログラミングという言葉《ことば》は、何だかむずかしい感《かん》じがしていませんか。
大丈夫《だいじょうぶ》です。副題《ふくだい》にもあるように、プログラミングについて、知識《ちしき》がゼロからでも楽しむことができるように、この 3 冊《さつ》の書籍《しょせき》はつくられています。

第《だい》 1 巻《かん》では、生活の中で必《かなら》ず使《つか》ったことのある、身近《みぢか》なプログラムについて学びます。
第《だい》 2 巻《かん》では、コンピュータのしくみやプログラミング特有《とくゆう》の考え方を学びます。
第《だい》 3 巻《かん》では、ワクワク・ドキドキのチャレンジをいくつか示《しめ》しています。
ぜひ、あなた自身《じしん》がプログラミングに挑戦《ちょうせん》してみましょう！

ここでは、第《だい》 2 巻《かん》について、少し解説《かいせつ》しましょう。
プログラミングは、楽しい体験《たいけん》です。
楽しい体験《たいけん》を通じて、コンピュータに関《かん》する知識《ちしき》やスキルだけでなく、さまざまな課題《かだい》に対応《たいおう》できる考え方が身《み》につくといわれています。日本では、この考え方のことを“プログラミング的思考《てきしこう》”とよんでいます。このような考える力の重要性《じゅうようせい》は、世界中《せかいじゅう》で認《みと》められているところです。前半は、この考え方を学びます。
後半では、コンピュータの基本的《きほんてき》なしくみを紹介《しょうかい》しています。ふだんは目にすることのない、コンピュータの内側《うちがわ》です。コンピュータって意外《いがい》とシンプルな構造《こうぞう》なんですよ。
この巻《かん》を読み終《お》えるころには、きっと世界《せかい》の見え方が変《か》わるはずです。

プログラミングの世界《せかい》への旅《たび》が、心はずむものになることを期待《きたい》しています。

ゼロから楽しむ！プログラミング

②

コンピュータとプログラミング

監修 茨城大学准教授
小林 祐紀

小峰書店

ゼロから楽しむ！プログラミング ②

コンピュータとプログラミング

もくじ

100歩前に進《すす》みます…。
バタバタバタ

この本のみかた

1章 すごろくで楽しみながら、プログラミングの考え方になれよう!

フローチャートを使《つか》った、ものごとの手順《てじゅん》のわかりやすいまとめ方をしょうかいするよ。

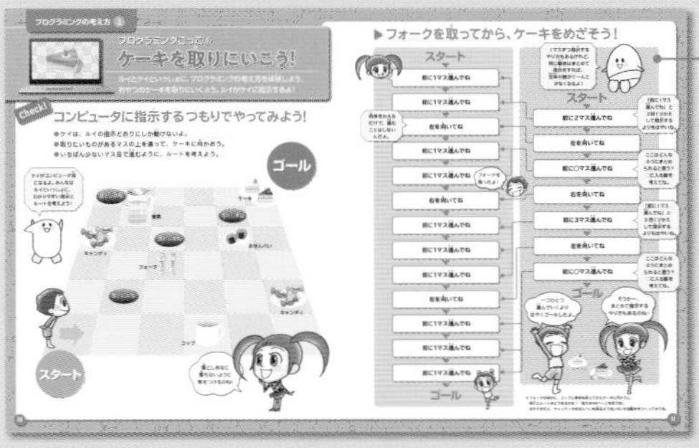

コンピュータに指示《しじ》するつもりでやってみよう。

基本《きほん》のブロックの種類《しゅるい》や使《つか》い方《かた》をしょうかいしているよ。

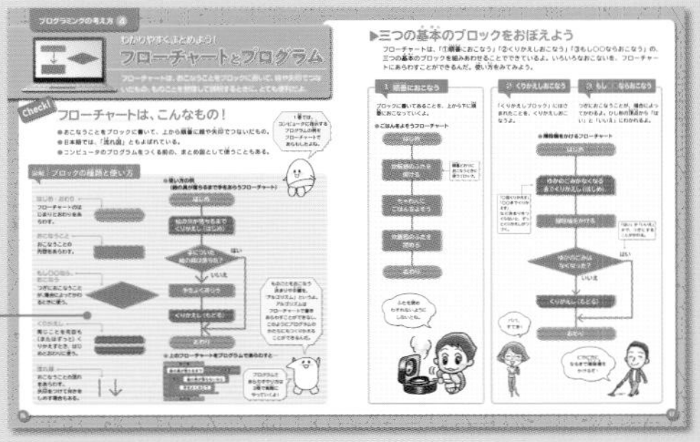

すごろくや
フローチャートで
プログラミングの
考え方を
体験《たいけん》しようね！

コンピュータの中が
どうなっているかも、
ぼくたちといっしょに
のぞいてみよう！

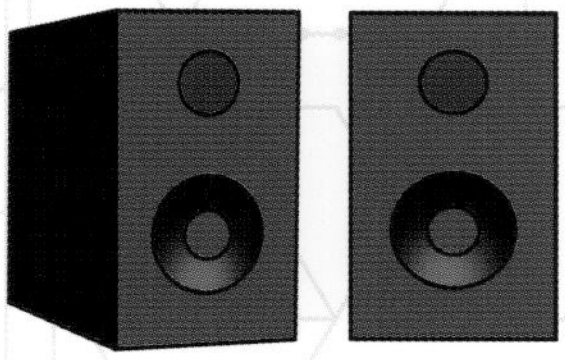

0	0	0	1	1	1	1	0	0	0
0	0	1	0	0	0	0	1	0	0
0	1	0	0	0	0	0	0	1	0
1	0	0	1	0	0	1	0	0	1
1	0	0	0	0	0	0	0	0	1
1	0	1	0	0	0	0	1	0	1
1	0	0	1	0	0	1	0	0	1
0	1	0	0	1	1	0	0	1	0
0	0	1	0	0	0	0	1	0	0
0	0	0	1	1	1	1	0	0	0

コンピュータとプログラミングの
つながりをみていくよ。

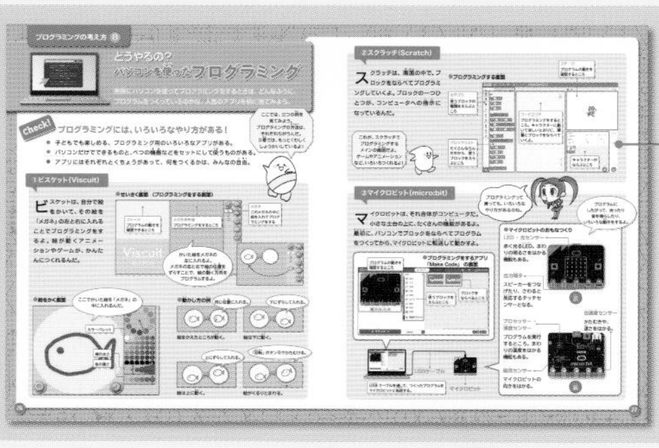

はじめてでも楽しくできるプログラミングツールの例《れい》を、三つしょうかいしているよ。

2章 コンピュータの中をのぞいてみたり、
できることの広がりを知ろう。

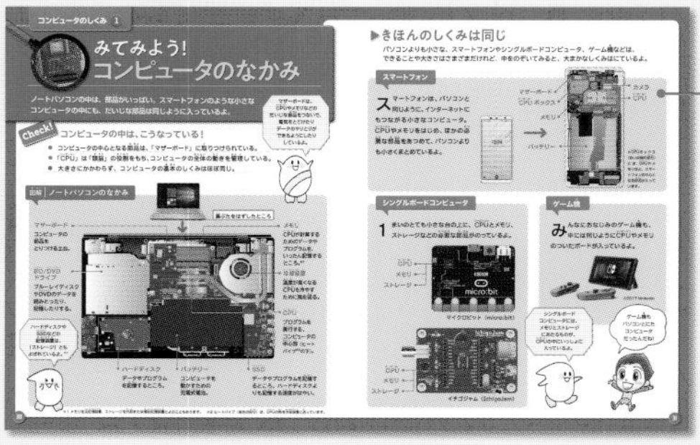

みてみよう！
コンピュータのなかみ

図やイラストがもりだくさん！

コンピュータとプログラミング

みんなの身《み》のまわりには、プログラムで動《うご》いているコンピュータがたくさんあるね。
そして、プログラミングをするときには、コンピュータが必要《ひつよう》だ。
この巻《かん》では、プログラミングとコンピュータのつながりを見ていこう。

家や町には
コンピュータで動《うご》くものが
たくさんあって便利《べんり》だけど、
コンピュータが
どんどん発達《はったつ》していくと…。
人が
なまけものに
なっちゃう？
ぼくは
いいけど
ルイ
（小学5年生）
ケイ
（小学3年生）
ポンッ
そんなこと　ないよー！
あ、
ゼロとイチ！
こんにちは！
コンピュータは人が
指示《しじ》をしないと
動《うご》けないんだよ。
その指示《しじ》が
プログラム！
そしてプログラムを
つくるのが
プログラミングね。
OK!!
ハイ
プログラム
そう。
プログラミングは
人の仕事《しごと》だよ！

でも プログラミングって、コンピュータがないとできないでしょ？
ふう
コンピュータ よくわからない…
うん、実際《じっさい》にプログラムを実行《じっこう》するときにはね。
でも、コンピュータがなくても、みんなふだん、プログラミングのようなことはしているんだよ。
えっ、そうなの！？
たとえば、お料理《りょうり》。ルイも、ママのお手伝《てつだ》いでよくするでしょ？
ジュ〜
ジュ〜
うん。きのうハンバーグつくった！
玉ねぎを切る
玉ねぎをいためる
玉ねぎをさます
ひき肉、玉ねぎ、パン粉《こ》、たまごを合わせる
よく手でこねる
だ円形にかたちをととのえる
フライパンでやく
ひっくりかえす
おさらにもりつける
ソースをかける
できあがり！
順番《じゅんばん》はだいたいこんなかんじ？
うん！
お料理《りょうり》って、ちゃんと順番《じゅんばん》を考えるでしょ。
プログラミングをするときも、同じようにしっかり順番《じゅんばん》を考えるんだ。
へえ〜、そうなんだ！
ほかにも、こんなクイズをしたことない？
赤、青、黄を重《おも》い順《じゅん》にならべよう。
あ、ぼくこんなクイズ好《す》き！
青は赤よりも黄よりも重《おも》いから、いちばん重《おも》い。
黄は赤より重《おも》いから、黄が2番…でしょ？
青、黄、赤の順《じゅん》に重《おも》いよ。
とてもすじの通った考え方だね。
こういうのも、プログラミングにあった考え方なんだ。

つまり、プログラミングにあった考え方っていうのは、わかりやすくて、すじの通った考え方ってこと？
そう、コンピュータに指示《しじ》を出すときにはだいじなことだよ！
そう考えると…
うん！
しんちょうにやってみたらできるかも！
でも、コンピュータに指示《しじ》するとなると、どうすればいいんだろ…。
シーン….
ねぇ、おねがい！
そうよねー。わたしたち、コンピュータのことよく知らないもんね。
うん
うん、ゼロとイチがコンピュータの精《せい》ってことだけしか…。
じゃあ、コンピュータのこと、もっと教えてあげる！
このノートパソコンでね！
こんにちは！
まず、ここの電源《でんげん》を入れると動《うご》きだすよ！
これを、コンピュータを立ちあげる、というよ。
そのくらいはわかってるよ〜
ここは、文字や画像《がぞう》をうつしだすところ。
ディスプレイ
キーボードとマウスやタッチパッドで文字を入力するよ。
キーボード
タッチパッド
マウス
うん、でも、そのへんもわかってるよ…。
なんかごめん
え〜！

って、ウソウソ。
コンピュータの中のことが知りたいんだよね？
うん、そう！
じゃあ、コンピュータの中に入ってたんけんしてみる？
えーー！
そんなことできるの？！
だって ぼくたち、コンピュータの精《せい》だもん♡
えっへん
すごい！行きたい！！
でもその前に、コンピュータとちゃんとなかよくなろう！
コンピュータとなかよくなる…？
ルイとケイはプログラミングができるようになって、楽器《がっき》とかゲームをつくってみたいんだよね？
うん
うん
そしたら、コンピュータにちゃんとつたわるように指示《しじ》をしないといけないでしょ。
そっか
そうだね
だから、プログラミングにあった考え方ができるよう、
いっしょにやってみようよ。
うん！
でも その前に…
おやつにしよう！
はらがへってはいくさはできぬ、だもんね。
キラー！
いや、いくさじゃないから…。
なかよくなるんだってば！！

第《だい》1章《しょう》 プログラミングの考え方

1章《しょう》では、コンピュータとプログラミングのつながりをさぐっていくよ。プログラミングごっこでコンピュータに指示《しじ》する練習《れんしゅう》をしたり、フローチャートをくわしく見ていこう。わかりやすく指示《しじ》する考え方に、なれていこう。

前にも言ったけど、コンピュータは人が指示《しじ》をしないと何もできないよ。
コンピュータは、どんな動《うご》きをどんな順番《じゅんばん》でするかを自分で考えるのは苦手《にがて》なんだ。
パソコンだけじゃなくて、家電《かでん》や町の中のコンピュータもみんなそうだよ。
プリンおいしかった〜
そっか！
はいっ
パスコードが正しければスタート
はい
◎ボタンがおされたら決定《けってい》する
はーい
おねがい
プログラム
だから人がプログラムをつくって、こうしてねっておねがいするんだね。
プログラムをつくることが、プログラミングね。
コンピュータの勉強《べんきょう》もいいけど、ふたりとも宿題《しゅくだい》はやったの？
もうちょっとしたらやるよ。
あとでやるから。
その「あとで」とか「もうちょっと」っていう言い方は、コンピュータは理解《りかい》できないんだ。
え？
もうちょっとあとで。
??
どれくらいあとのことなんだろ…。
10分後に。
ハイ！
コンピュータはね、具体的《ぐたいてき》に指示《しじ》をしてあげないと、動《うご》けないんだ。
人とはちがうんだね。
それに、まちがった指示《しじ》をしたら、そのとおりに動《うご》いてしまうよ。

わら わら わら わら
プログラム
実《じつ》をいうとね、プログラムを開《あ》けたら、ぼくたちがいっぱい出てくるんだよ！
どうしてかというと…コンピュータは人から指示《しじ》されたことばを、「0」と「1」の二つだけの信号《しんごう》にかえて、すべてのプログラムを実行《じっこう》しているんだ。
0はスイッチオフ（電気が流《なが》れない）
1はスイッチオン（電気が流《なが》れる）
0
1
えー！ ゼロとイチってプログラムにとってすごくだいじなんだ！！
意外《いがい》とシンプル？
そう、とってもシンプル！だからコンピュータにはわかりやすく指示《しじ》してあげないと、うまく0と1にかえられなくて思ったように動《うご》いてもらえないよ。
うーん すごくむずかしそう
ねぇママ、あれ、どこにおいたっけ？
あら、いつものところにあったわよ。
ああ、あそこか！
わかった！
ついでにそこのも、しまっといて。
OK《オーケー》。
ふたりともよくわかるよね…。
コンピュータにはわからないです…。
じゃあ、コンピュータでプログラミングにちょうせんする前に、これからプログラミングにあった考え方になれてみようか。
まずはすごろくで、いっしょにプログラミングごっこをやってみよう！
ぼくの好《す》きなクイズのほかにもあるんだね！
そう。楽しくプログラミングの考え方を体験《たいけん》する方法《ほうほう》はいっぱいあるんだよ!!
ハーーイ

プログラミングごっこ①

ケーキを取《と》りにいこう!

ルイとケイといっしょに、プログラミングの考え方を体験《たいけん》しよう。
おやつのケーキを取《と》りにいくよう、ルイがケイに指示《しじ》するよ!

Check! コンピュータに指示《しじ》するつもりでやってみよう!

●ケイは、ルイの指示《しじ》どおりにしか動《うご》けないよ。
●取《と》りたいものがあるマスの上を通って、ケーキに向《む》かおう。
●いちばん少ないマス目で進《すす》むように、ルートを考えよう。

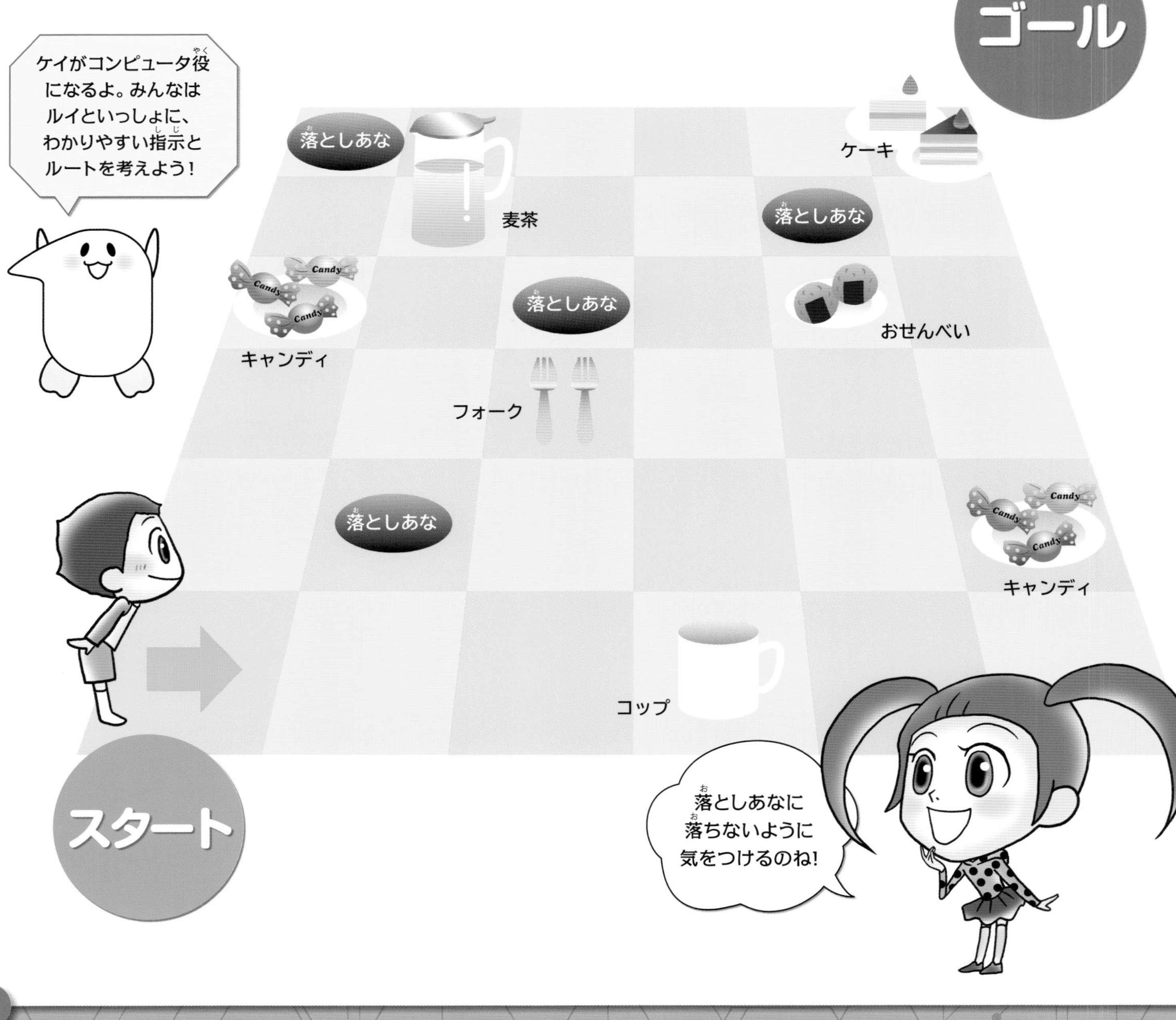

フォークを取《と》ってから、ケーキをめざそう！

スタート

前に1マス進《すす》んでね

前に1マス進《すす》んでね

向《む》きをかえるだけで、進《すす》むことはしないんだよ。

左を向《む》いてね

前に1マス進《すす》んでね

前に1マス進《すす》んでね

フォークを取《と》ったよ！

右を向《む》いてね

前に1マス進《すす》んでね

前に1マス進《すす》んでね

前に1マス進《すす》んでね

左を向《む》いてね

前に1マス進《すす》んでね

前に1マス進《すす》んでね

前に1マス進《すす》んでね

ゴール

1マスずつ指示《しじ》するやり方もあるけれど、同じ動《うご》きはまとめて指示《しじ》をすれば、全体《ぜんたい》の数がぐーんと少なくなるよ！

スタート

前に2マス進《すす》んでね

「前に1マス進《すす》んでね」と2回くりかえして指示《しじ》するよりもはやいね。

左を向《む》いてね

前に○マス進《すす》んでね

ここはどんなふうにまとめられると思う？○に入る数を考えてね。

右を向《む》いてね

前に3マス進《すす》んでね

「前に1マス進《すす》んでね」と3回くりかえして指示《しじ》するよりもはやいね。

左を向《む》いてね

前に○マス進《すす》んでね

ここはどんなふうにまとめられると思う？○に入る数を考えてね。

ゴール

一つひとつ進《すす》んでいくよりはやくゴールしたよ。

そうかー、まとめて指示《しじ》するやり方もあるのね！

※フォークのほかに、コップと麦茶も取《と》ってからケーキをめざすと、指示《しじ》とルートはどうなるかな？（答えは46ページを見てね）。
なれてきたら、キャンディやおせんべいも取《と》るようないろいろな動《うご》きをつくってみてね。

プログラミングごっこ②
ぶどうを守《まも》ろう!

食いしんぼうの鳥たちが、ぶどうをねらっているよ。
こんどは、ケイがゼロに指示《しじ》をして、ぶどうをみはってもらおう。

Check! ぶどうのまわりを、ぐるっとまわろう!

ぶどうは
ぼくが守《まも》るよ!
指示《しじ》の回数が
少ないほうが、
はやくぐるっと
できるかも!

- ●ぶどうを鳥たちに食べられないように、まわりをぐるっとまわってみはるよ。
- ●まずは、1マスずつ指示《しじ》してみよう。何かに気がつくかな?
- ●同じ動《うご》きがつづくときには、もっと短《みじか》く指示《しじ》できないか、考えてみよう。

スタート
ぶどうの
まわりのマスを
まわってもらうには、
どうつたえたら
いいかな…。

▶くりかえしの動《うご》きに注目《ちゅうもく》しよう！

よく見ると、
同じ指示《しじ》が4回
くりかえされているね。
こういうときは、
「4回くりかえしてね」って
つたえるとはやいよ。

スタート

▼ 前に1マス進《すす》んでね
▼ 前に1マス進《すす》んでね
▼ 左を向《む》いてね
▼ 前に1マス進《すす》んでね
▼ 前に1マス進《すす》んでね
▼ 左を向《む》いてね
▼ 前に1マス進《すす》んでね
▼ 前に1マス進《すす》んでね
▼ 左を向《む》いてね
▼ 前に1マス進《すす》んでね
▼ 前に1マス進《すす》んでね
▼ 左を向《む》いてね
▼

ゴール

あれ？
同じことを
なんども
言ってる？

4回くりかえしてね

前に1マス進《すす》んでね
▼
前に1マス進《すす》んでね
▼
左を向《む》いてね

くりかえし（もどる）

むらさきの
ブロックに
はさまれた
指示《しじ》をくり
かえすよ。

ここが
さらに、
短《みじか》く
できるね！

↓

4回くりかえしてね

前に2マス進《すす》んでね
▼
左を向《む》いてね

くりかえし（もどる）

短《みじか》く
まとめたよ！

なるほどー！
「前に2マス進《すす》んでね」
「左を向《む》いてね」「それを4回
くりかえしてね」って指示《しじ》すれば、
短《みじか》くてわかりやすいね！

「くりかえし」で
指示《しじ》をもらえたら、
一つひとつ言われ
なくても、自分で
動《うご》けたよ！

※こんどは、反対《はんたい》まわりにぐるっとまわったら、どんな指示《しじ》になると思う？ いちばん短《みじか》い指示《しじ》を考えてみよう（答えは46ページを見てね）。

プログラミングごっこ③
パパにパジャマをとどけよう!

パジャマの用意《ようい》をわすれておふろに入ったパパに、パジャマをとどけよう。
こんどは新しく「もしもカード」を使《つか》って指示《しじ》してみるよ。

Check! 「もしも」の場合によって、行動《こうどう》をかえていこう!

- こんどははじめから、まとめられる数はまとめて指示《しじ》しよう。
- パジャマがあるところは、たんすかクローゼットのどちらかだよ。
- 「もしもカード」を使《つか》う指示《しじ》が出たら、
  場合によって、つぎにすることがかわるよ。

ママから「もしもカード」をもらったんだ！書かれているとおりに実行《じっこう》するよ。

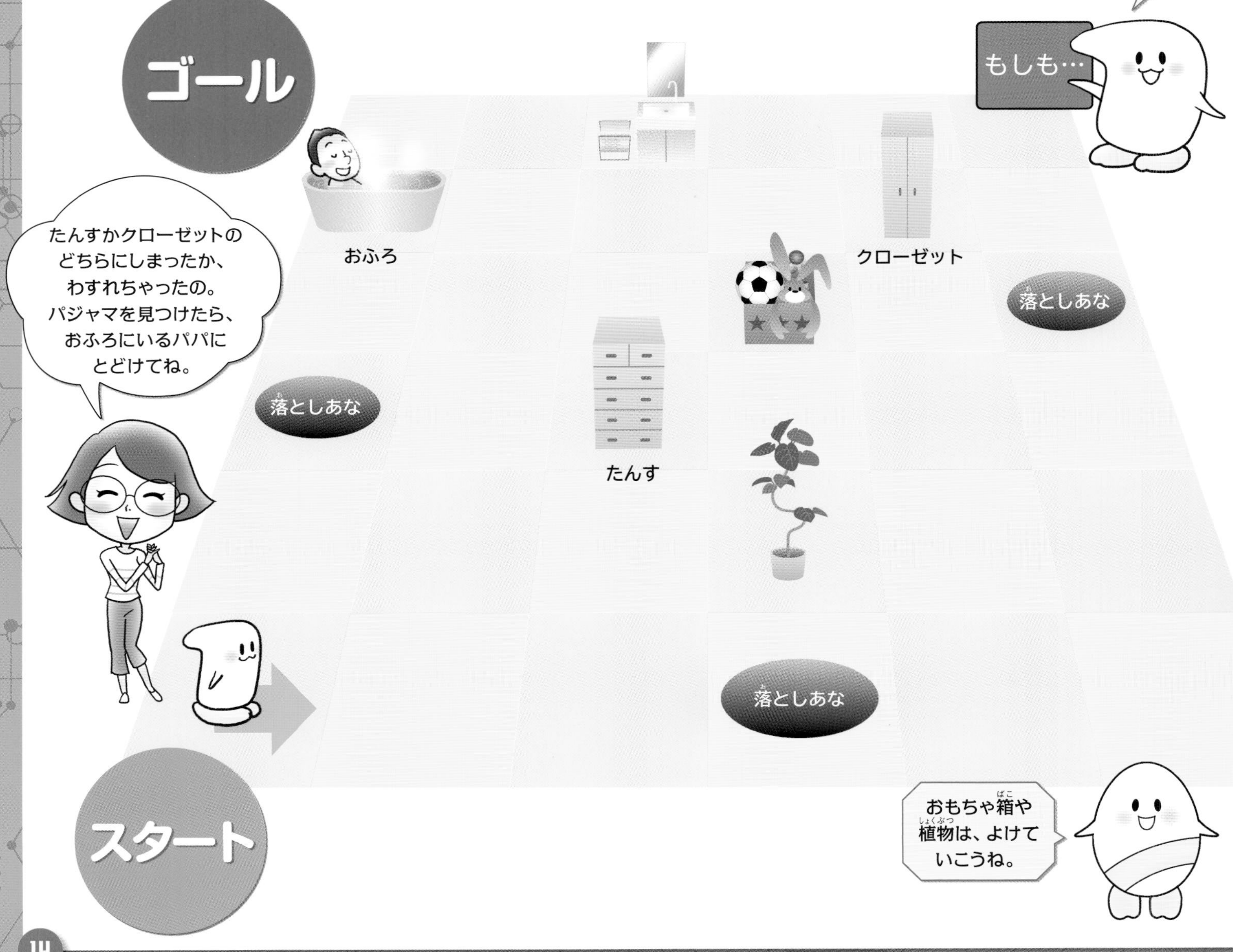

ゴール
もしも…
おふろ
クローゼット
落《お》としあな
たんすかクローゼットのどちらにしまったか、わすれちゃったの。パジャマを見つけたら、おふろにいるパパにとどけてね。
落《お》としあな
たんす
落《お》としあな
スタート
おもちゃ箱《ばこ》や植物《しょくぶつ》は、よけていこうね。

▶「もしも」のなかみにしたがって、動《うご》きをかえよう！

たんすとクローゼットを
どちらも通って、もしも
パジャマがあったら取《と》って
おふろのパパにとどけてね。

スタート

前に2マス進《すす》んでね

左を向《む》いてね

前に2マス進《すす》んでね

たんすに
着《つ》いたよ！

「もしも
カード」を
使《つか》う指示《しじ》が
出た！

もしもパジャマがあったら、取《と》ってね

右を向《む》いてね

前に2マス進《すす》んでね

左を向《む》いてね

前に2マス進《すす》んでね

クローゼット
に着《つ》いたよ！

「もしも
カード」を
使《つか》う指示《しじ》が
出た！

もしもパジャマがあったら、取《と》ってね

左を向《む》いてね

前に4マス進《すす》んでね

ゴール

左のやり方もあるけど、
もし最初《さいしょ》に調《しら》べたたんすに
パジャマがあった場合は、
まわり道になっちゃうね。

そうね。最初《さいしょ》にたんすで
見つけた場合は、そのまま
おふろに向《む》かう「もしも」も
あるといいわね！

もしもパジャマがあったら、取《と》ってね

もしもたんすでパジャマを取《と》ったら、
まっすぐおふろに向《む》かうよ

この新しい
「もしもカード」
ももらったよ。

たんすに
パジャマが
なかったときは、こっち。

右を向《む》いてね

前に2マス進《すす》んでね

・・・

あとは左の
指示《しじ》と同じ
だよ。

たんすに
パジャマが
あったときは、
こっち。

前に2マス進《すす》んでね

左を向《む》いてね

前に2マス進《すす》んでね

ゴール

はやくもってきて
くれて、ありがとう。
助《たす》かったよ〜。

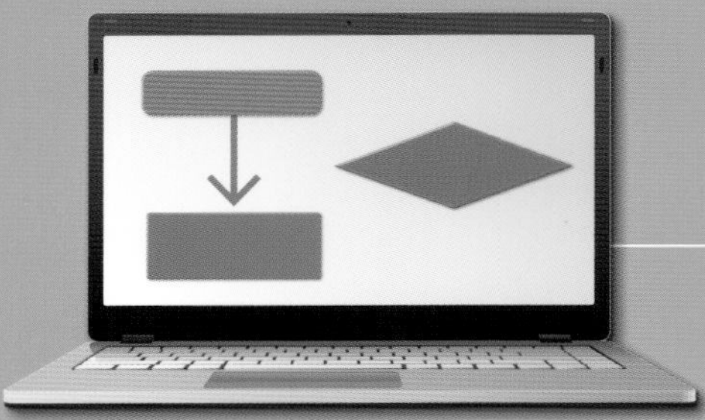

わかりやすくまとめよう！

フローチャートとプログラム

フローチャートは、おこなうことをブロックに書いて、線や矢印《やじるし》でつないだもの。ものごとを整理《せいり》して説明《せつめい》するときに、とても便利《べんり》だよ。

Check! フローチャートは、こんなもの！

- おこなうことをブロックに書いて、上から順番《じゅんばん》に線や矢印《やじるし》でつないだもの。
- 日本語では、「流《なが》れ図《ず》」ともよばれている。
- コンピュータのプログラムをつくる前の、まとめ図として使《つか》うこともある。

1巻《かん》では、
コンピュータに指示《しじ》する
プログラムの例《れい》を
フローチャートで
あらわしたよね。

図解《ずかい》 ブロックの種類《しゅるい》と使《つか》い方《かた》

はじめ・おわり
フローチャートのはじまりとおわりをあらわす。

おこなうこと
おこなうことの内容《ないよう》をあらわす。

もし○○なら、おこなう
つぎにおこなうことが、場合によってかわるときに使《つか》う。

くりかえし
同じことを何回も（またはずっと）くりかえすとき、はじめとおわりに使《つか》う。

流《なが》れ線《せん》
おこなうことの流《なが》れをあらわす。
矢印《やじるし》をつけて向《む》きをしめす場合もある。

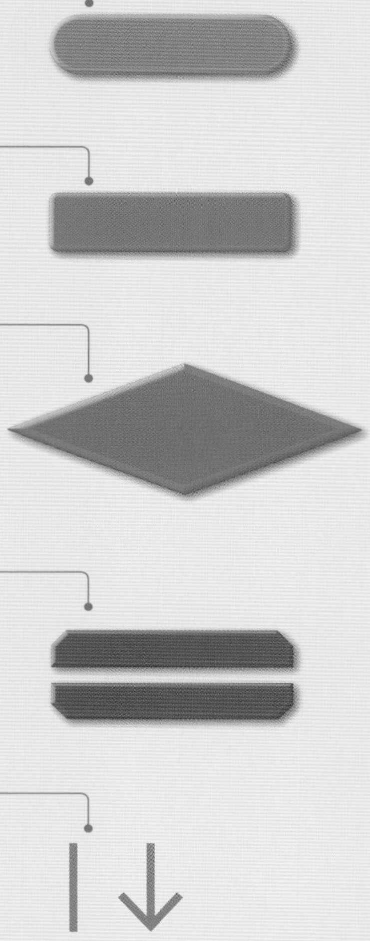

●使《つか》い方《かた》の例《れい》
（絵《え》の具《ぐ》が落《お》ちるまで手をあらうフローチャート）

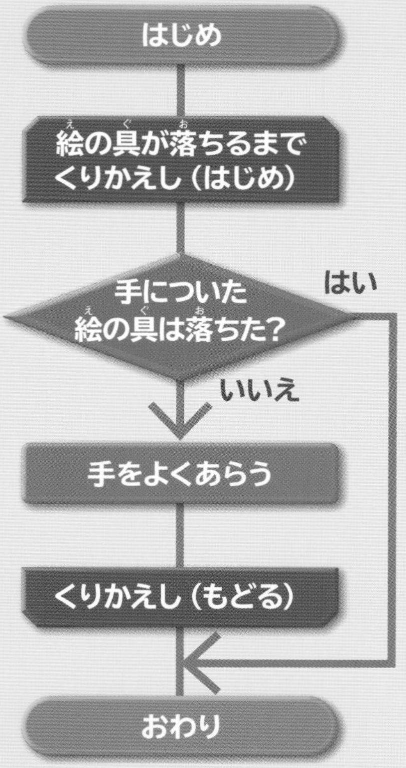
はじめ
絵《え》の具《ぐ》が落《お》ちるまで
くりかえし（はじめ）
手についた
絵《え》の具《ぐ》は落《お》ちた?
はい
いいえ
手をよくあらう
くりかえし（もどる）
おわり

ものごとをおこなう
決《き》まりや手順《てじゅん》を、
「アルゴリズム」というよ。
アルゴリズムは
フローチャートで書き
あらわすことができるし、
このようにプログラムの
かたちにもつくりかえる
ことができるんだ。

●上のフローチャートをプログラムであらわすと…

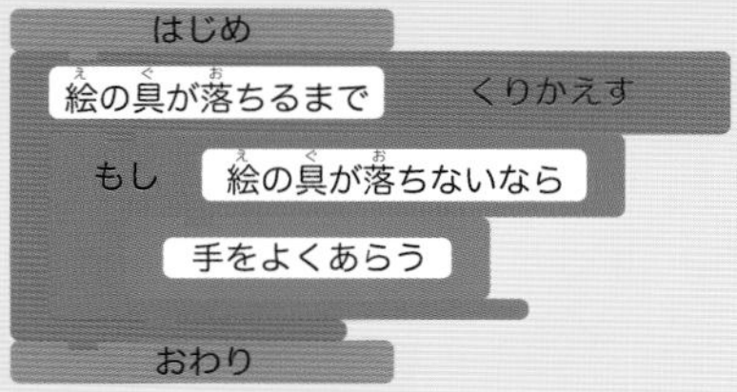
はじめ
絵《え》の具《ぐ》が落《お》ちるまで
くりかえす
もし
絵《え》の具《ぐ》が落《お》ちないなら
手をよくあらう
おわり

プログラムで
あらわすやり方は
3巻《かん》で実際《じっさい》に
やっていくよ！

▶三つの基本《きほん》のブロックをおぼえよう

フローチャートは、「①順番《じゅんばん》におこなう」「②くりかえしおこなう」「③もし○○ならおこなう」の、三つの基本《きほん》のブロックを組みあわせることでできているよ。いろいろなおこないを、フローチャートにあらわすことができるんだ。使《つか》い方《かた》をみてみよう。

1 順番《じゅんばん》におこなう

ブロックに書いてあることを、上から下に順《じゅん》番《ばん》におこなっていくよ。

●ごはんをよそうフローチャート

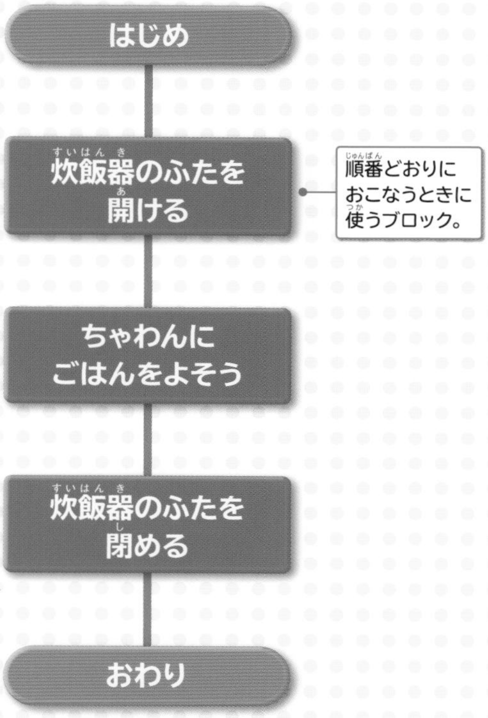

はじめ
炊飯器《すいはんき》のふたを開《あ》ける
順番《じゅんばん》どおりにおこなうときに使《つか》うブロック。
ちゃわんにごはんをよそう
炊飯器《すいはんき》のふたを閉《し》める
おわり

ふたを閉《し》めわすれないようにしないとね。

2 くりかえしおこなう

「くりかえしブロック」にはさんだことを、くりかえしおこなうよ。

3 もし○○ならおこなう

つぎにおこなうことが、場合によってかわるよ。ひし形の頂点《ちょうてん》から「はい」と「いいえ」にわかれるよ。

●掃除機《そうじき》をかけるフローチャート

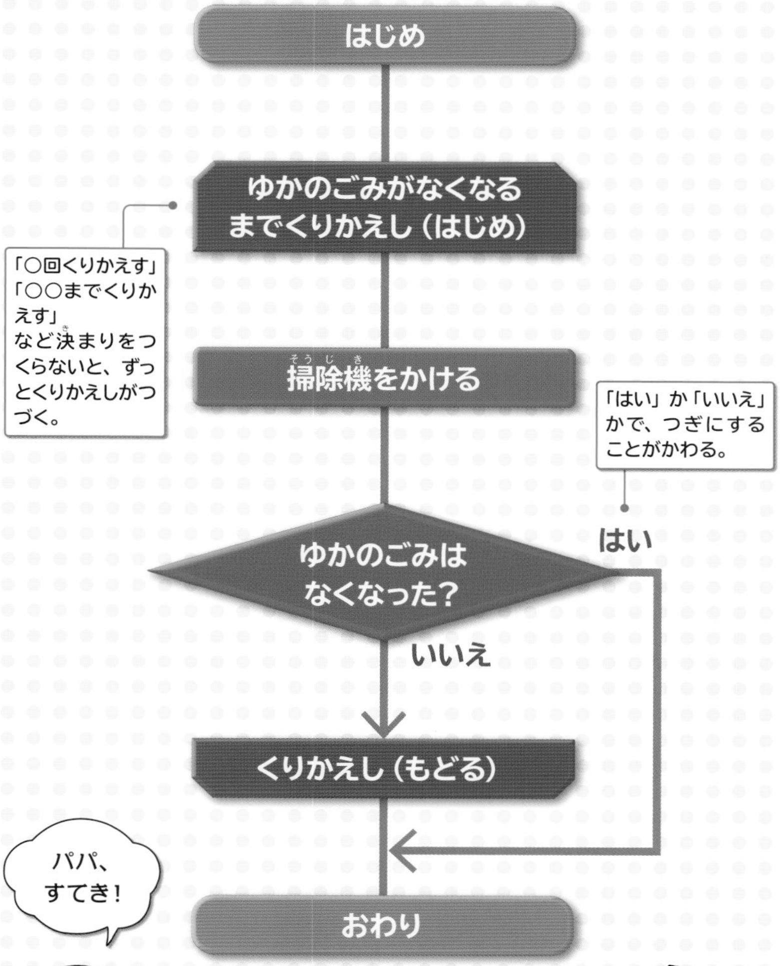

はじめ
ゆかのごみがなくなるまでくりかえし（はじめ）
「○回くりかえす」「○○までくりかえす」など決《き》まりをつくらないと、ずっとくりかえしがつづく。
掃除機《そうじき》をかける
「はい」か「いいえ」かで、つぎにすることがかわる。
ゆかのごみはなくなった？
はい
いいえ
くりかえし（もどる）
おわり

パパ、すてき！

ピカピカになるまで掃除機《そうじき》をかけるぞ！

フローチャートで 身近《みぢか》なあそびをあらわそう！

みんながよく知っているあそびを、フローチャートであらわしてみよう。
どんなふうになるかな？

Check!

1 「イスとりゲーム」のあそび方

①人数より一つ少ない数のイスをまるくならべ、外がわにみんなでならぶ。
②音楽が流《なが》れたら、イスのまわりを歩く。
③音楽がとまったら、近くのイスにすわる。
④イスにすわれなかった人は負《ま》け。ゲームからぬける。
⑤イスを一つへらして、のこりの人でまたゲームをはじめる。
⑥最後《さいご》にのこった人が勝《か》ち。

音楽が止まったら
すわるんだよ。
ぐる
ぐる
ピタ
ワァ
くやしい〜！
ゼロに負《ま》けた！
ゼロとイチもけんかするんだ…
やった〜
つぎは
イチは
ぬけてね。

「イスとりゲーム」のフローチャート

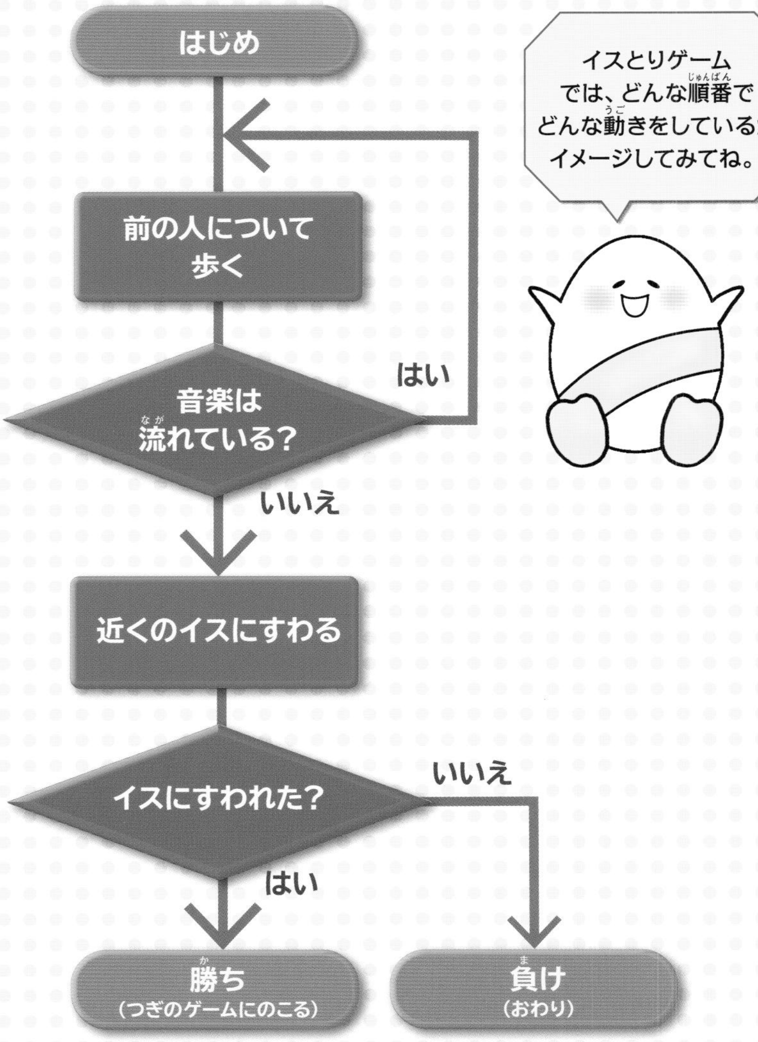
はじめ
前の人について歩く
音楽は流《なが》れている？
はい
いいえ
近くのイスにすわる
イスにすわれた？
いいえ
はい
勝《か》ち
（つぎのゲームにのこる）
負《ま》け
（おわり）
イスとりゲーム
では、どんな順番《じゅんばん》で
どんな動《うご》きをしているか
イメージしてみてね。

Check!

2 「しんけいすいじゃく」のあそび方

①トランプの裏《うら》を上にして、すべてのカードをならべる。
②じゃんけんで負《ま》けた人から、２まいえらんで裏《うら》がえす。
③２まいとも同じ数だったら、そのトランプを自分のものにできる。
④最後《さいご》に自分のトランプが多い人が勝《か》ち。

じゃんけん　ポン！
あ
じゃんけんに負《ま》けた人が、最初《さいしょ》にひくのよ。
やったー！
同じ数だ！
おっ、もう1回
ひけるぞ。
はずれちゃった。
あー…
ニヤリ
あれから１まいも
取《と》れなかった…。
キャ～
勝《か》っちゃった～♪
ママつよいなあ～
ケイよりは取《と》れたけど、
負《ま》けた～。

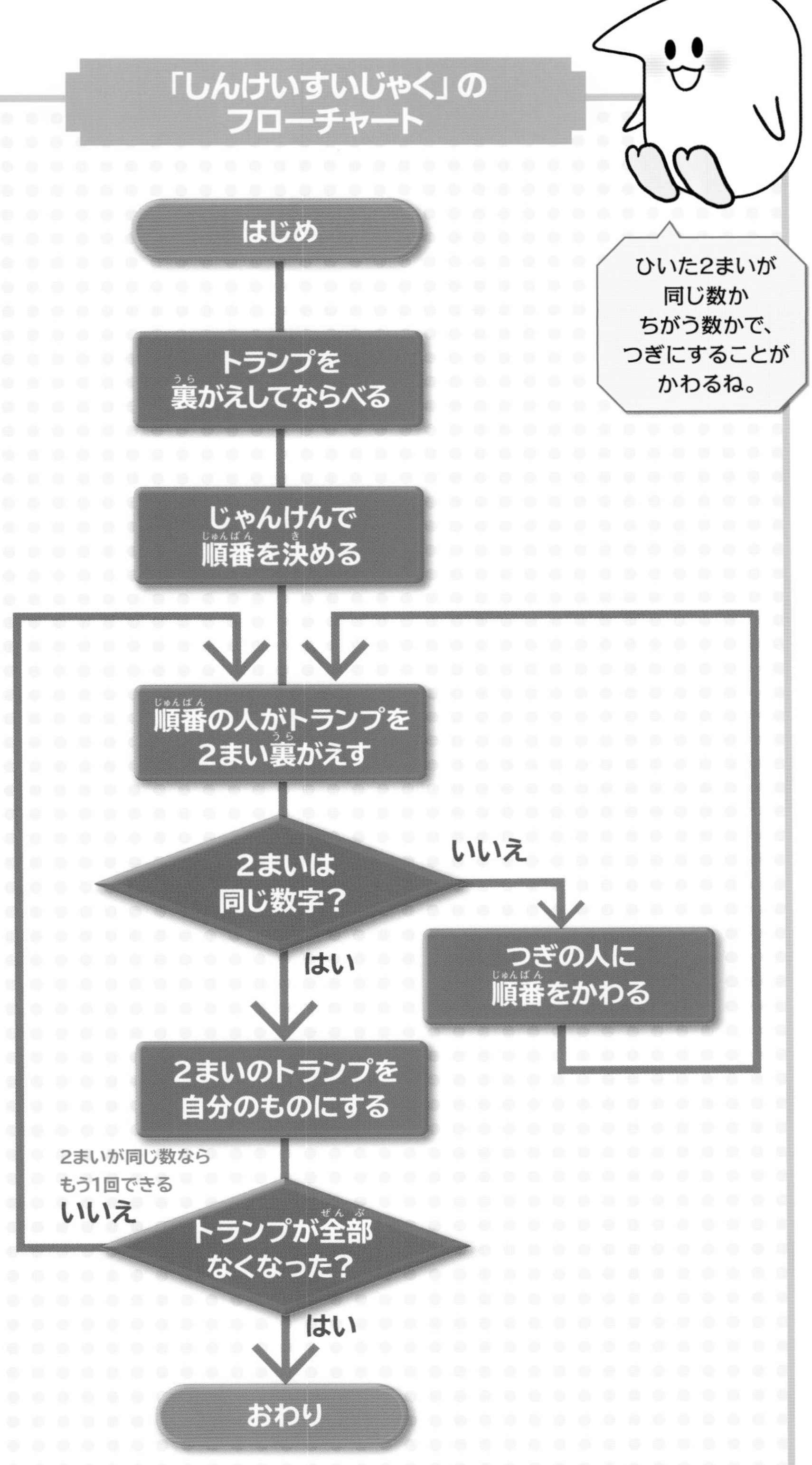

「しんけいすいじゃく」の
フローチャート
はじめ
トランプを
裏《うら》がえしてならべる
じゃんけんで
順番《じゅんばん》を決《き》める
順番《じゅんばん》の人がトランプを
2まい裏《うら》がえす
2まいは
同じ数字？
いいえ
つぎの人に
順番《じゅんばん》をかわる
はい
2まいのトランプを
自分のものにする
2まいが同じ数なら
もう1回できる
いいえ
トランプが全部《ぜんぶ》
なくなった？
はい
おわり
ひいた2まいが
同じ数か
ちがう数かで、
つぎにすることが
かわるね。

フローチャートであそぼう!

【 情報《じょうほう》をならべたり、読みとったりしよう 】

プログラミングをする前のまとめ図としても使《つか》われるフローチャートは、あそびの手順《てじゅん》だけでなく、みんなが毎日あたり前のようにおこなっていることだってまとめられるよ。あそびながら、フローチャートになれよう。

ならべかえや
まちがいさがし、
クイズで楽みながら
なれていこう！

ならべかえてみよう！

左のわくの中にあるブロックを、順番《じゅんばん》どおりにならべかえて、フローチャートを完成《かんせい》させよう。順番《じゅんばん》をまちがえたら、おかしなことになるよ！

ベルトをしめる
ズボンをはく
おわり
パンツをはく
はじめ

●着《き》がえのフローチャート
（腰《こし》から下）

順番《じゅんばん》を
まちがえたら
たいへんだ～!

まちがいさがし

下のフローチャートには、どこかおかしなところがあるよ。どこを直せばいいかな？ 考えてみよう。

●買《か》い物《もの》のフローチャート

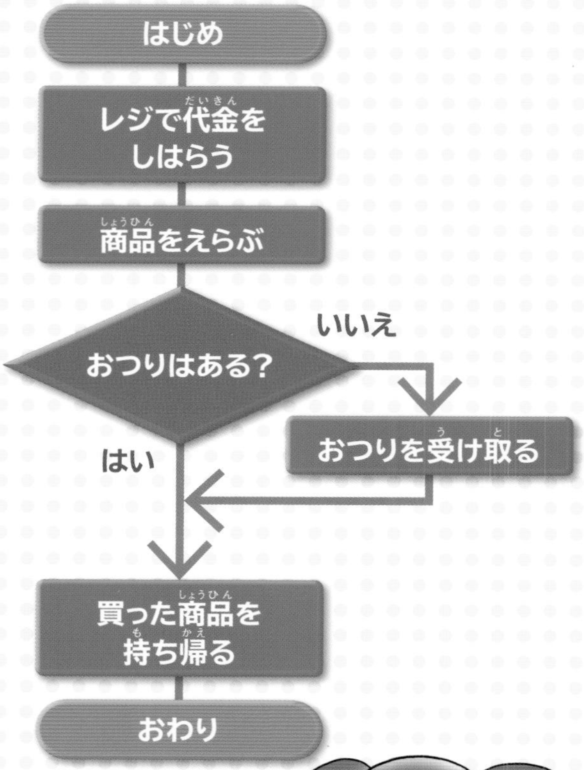
はじめ
レジで代金《だいきん》を
しはらう
商品《しょうひん》をえらぶ
おつりはある?
いいえ
おつりを受《う》け取《と》る
はい
買った商品《しょうひん》を
持《も》ち帰《かえ》る
おわり

なんだか順番《じゅんばん》が
おかしいかも?
あとは…?

※ならべかえとまちがいさがしの答えは、47ページを見てね。

何のあそびかあててみよう！

こんどは、あるあそびのやり方を、フローチャートであらわしてみたよ。
みんなもきっと、いちどは友だちとあそんだことがある、有名《ゆうめい》なあそびだよ。
何のあそびか、わかるかな？

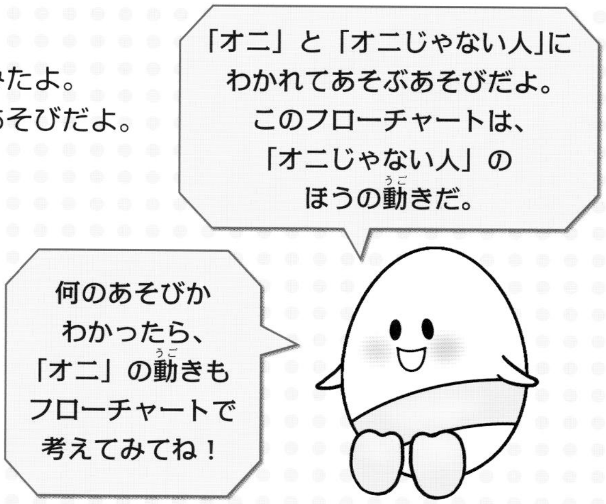
「オニ」と「オニじゃない人」にわかれてあそぶあそびだよ。このフローチャートは、「オニじゃない人」のほうの動《うご》きだ。
何のあそびかわかったら、「オニ」の動《うご》きもフローチャートで考えてみてね！

「???」のフローチャート

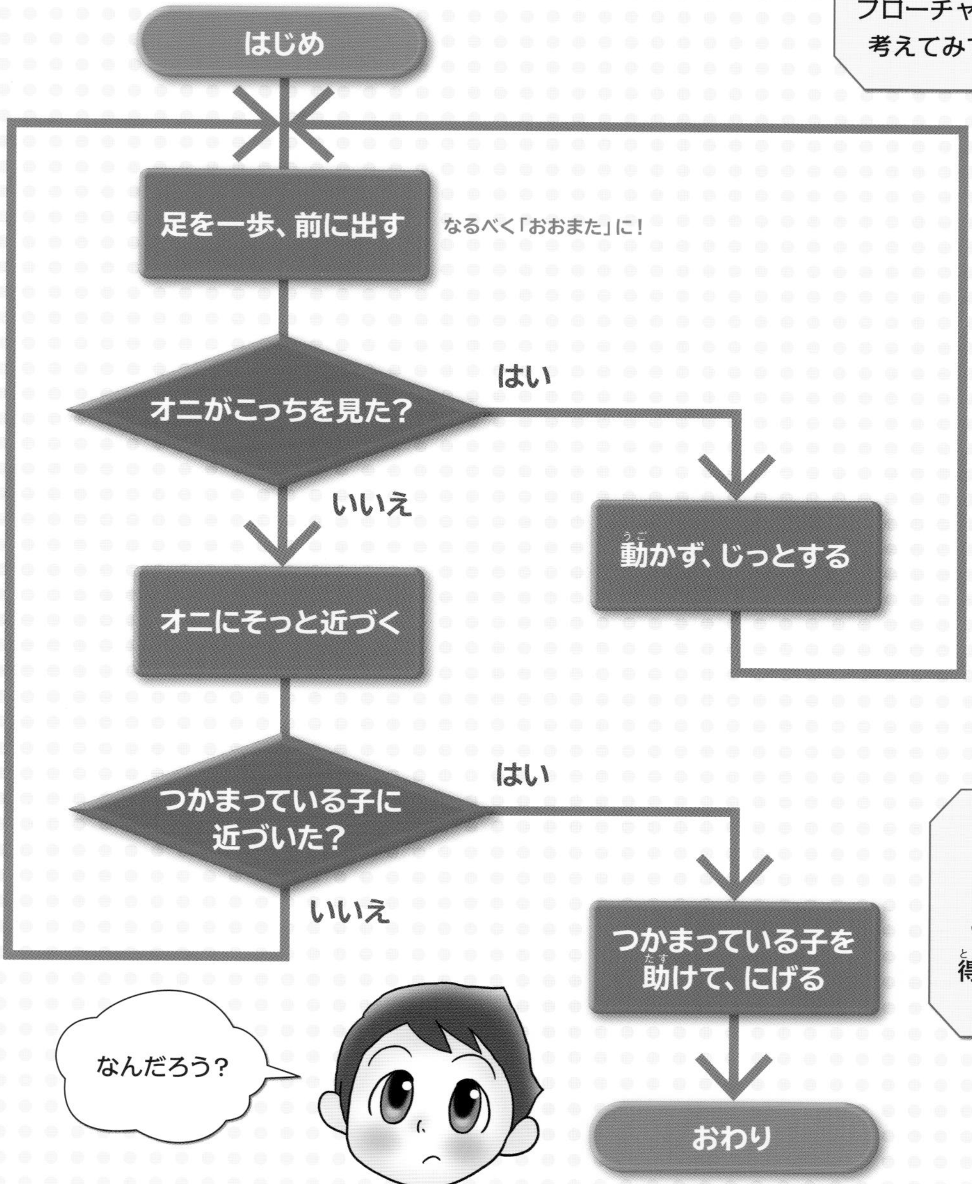
はじめ
足を一歩、前に出す
なるべく「おおまた」に！
オニがこっちを見た？
はい
いいえ
動《うご》かず、じっとする
オニにそっと近づく
つかまっている子に近づいた？
はい
いいえ
つかまっている子を助《たす》けて、にげる
おわり

あ～、そうか！わかった～!!

なんだろう？

フローチャートのつくり方はわかってきたかな？つぎは、コンピュータの得意《とくい》なこと、苦手《にがて》なことを教えてあげるよ！

※あそびの名前と、オニの動《うご》きのフローチャートの答えは、47ページを見てね。

知っておこう！

コンピュータが苦手《にがて》なこと

コンピュータにつたわるように指示《しじ》をしないと、コンピュータは動《うご》かないよ。
プログラミングをするときに気をつけることは、どんなことだろう。

Check! コンピュータには、つたわりやすいことばで指示《しじ》しよう！

- あいまいなことばで指示《しじ》すると、コンピュータは理解《りかい》できず動《うご》いてくれない。
- まちがえた指示《しじ》をすると、指示《しじ》どおりに、おかしな動《うご》きをする。
- 指示《しじ》をされるまで、コンピュータは自分からは動《うご》かない。

前のページのクイズはできたかな？ ここからは、コンピュータに指示《しじ》するつたえ方やしくみをもっとくわしくみていくよ。

図解《ずかい》 コンピュータはこんなことが苦手《にがて》！

あいまいなことばがわからない。

ことばは具体的《ぐたいてき》に、数字ははっきりと正確《せいかく》につたえないと、コンピュータはどのように動《うご》いていいかわからないんだ。

まちがえた指示《しじ》をしても、指示《しじ》どおりにおこなう。

コンピュータは、指示《しじ》されたことを指《し》示《じ》どおりにおこなうのは得意《とくい》。指示《しじ》をまちがえると、おかしいと判断《はんだん》できず、その指示《しじ》どおり動《うご》くよ。

指示《しじ》をされるまで、自分からは動《うご》かない。

コンピュータは、人から指示《しじ》があってはじめて動《うご》く。どんなにすぐれた動《うご》きをするコンピュータでも、自分からは動《うご》かないんだ。

あとで起《お》こしてね
「アトデ」って？
??
何時？
何分？

100歩前に進《すす》みます…。
バタバタバタ
きゃー、10と100をまちがえたわ！

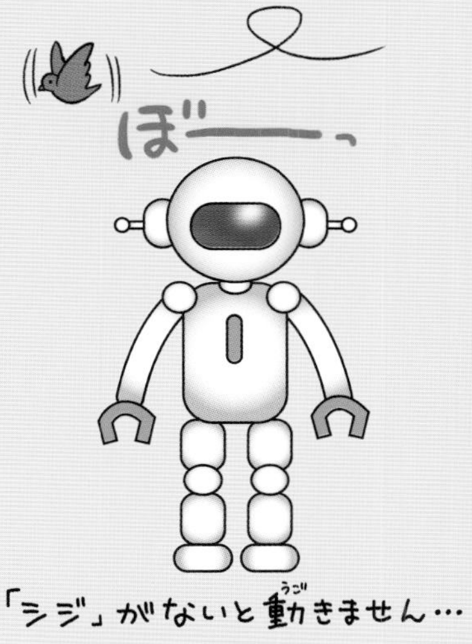
ぼーっ
「シジ」がないと動《うご》きません…

▶どんな指示《しじ》だとコンピュータにつたわりにくい？

コンピュータに指示《しじ》をする（プログラムをつくる）ときには、コンピュータにしてほしいことを、わかりやすく整理《せいり》してつたえるよ。コンピュータが理解《りかい》しづらいことばの例《れい》をあげてみたよ。

下の例《れい》のほかにも、
「おいしいパン」
「おもしろい本」
「だいたいの数」
なども、人によって
かんじ方がちがう
あいまいな表現《ひょうげん》だね。

コンピュータが苦手《にがて》な指示《しじ》の例《れい》

たとえば、こういうあいまいな表現《ひょうげん》は、コンピュータは理解《りかい》できないよ。

コンピュータが理解《りかい》できることばの例《れい》

こういう表現《ひょうげん》なら、コンピュータは理《り》解《かい》して、正確《せいかく》にはやく動《うご》いてくれるよ。

1

花びんを
いいかんじの場所《ばしょ》に
動《うご》かしてね。

→

花びんを
1m《メートル》、右に
動《うご》かしてね。

「いいかんじの場所《ばしょ》」が
どんな場所《ばしょ》かは、
かんじ方によって
さまざまだよね。

2

ちょうどいいときに、
あのことばを画面《がめん》に
出してね。

→

10分後に、
「ありがとう」と
画面《がめん》に出してね。

「ちょうどいいとき」が
どんなときなのか、
「あのことば」が
どんなことばなのかは、
具体的《ぐたいてき》に言われないと
わからないよね。

3

適当《てきとう》に、
明るいかんじの音楽を
流《なが》してね。

→

A《エー》さんが歌う
「ひまわり」という曲《きょく》を
流《なが》してね。

「適当《てきとう》に」や
「明るいかんじ」は、
どんなかんじなのか
判断《はんだん》しづらいよね。

指示《しじ》はどうつたわる?

プログラムが実行《じっこう》されるまで

人がつくったプログラムを、コンピュータはどうやって実行《じっこう》していくのだろう。流《なが》れを追《お》ってみよう。

Check! コンピュータはこうしてプログラムを実行《じっこう》する!

- 人は、コンピュータが理解《りかい》できる「プログラミング言語」ということばを使《つか》って、プログラムをつくる。
- プログラムの内容《ないよう》は、「プログラミング言語」から、コンピュータにしかわからない、さらに特別《とくべつ》なことば(「機械語《きかいご》」)におきかえられる。
- その特別《とくべつ》なことばを読んで、「CPU《シーピーユー》」がプログラムを実行《じっこう》する。

「CPU《シーピーユー》」は、
「メモリ」とともに、
コンピュータの中心部《ちゅうしんぶ》と
なるところだ。
32ページでくわしく
しょうかいするよ。

図解《ずかい》 プログラムが実行《じっこう》されるしくみ

1

ねこを
10歩前に
動《うご》かそう。
ブロックをつんでと・・・

●キーボードやマウスから人が指示《しじ》を出す(プログラムをつくる)。

2

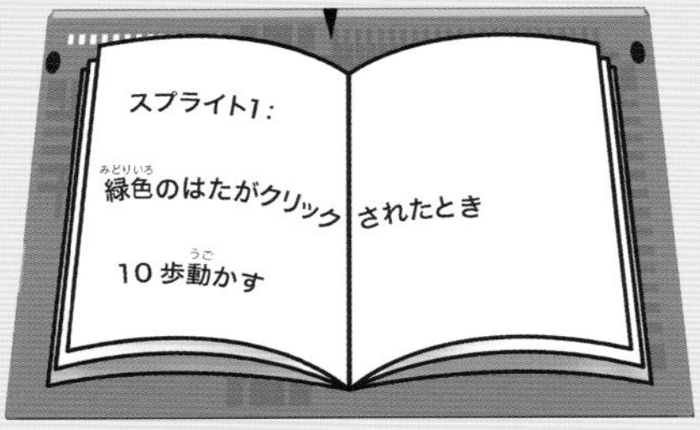
スプライト1:
緑色《みどりいろ》のはたがクリックされたとき
10 歩動《うご》かす

●コンピュータの中のメモリに、いったんそのプログラムが記憶《きおく》される。

3

実行《じっこう》
ボタンを
おしたよ!

●つくったプログラムを実行《じっこう》するよう人が指示《しじ》を出す。

4

スプライト1:
緑色《みどりいろ》のはたが
クリックされたとき
10歩動《うご》かす
0111011111000010
1100101000111101
1000101111010001
0101001110111100
わからない・・・
CPU
CPU
わかる!

●メモリに記憶《きおく》されたプログラムがCPU《シーピーユー》のわかることばにおきかえられる。

5

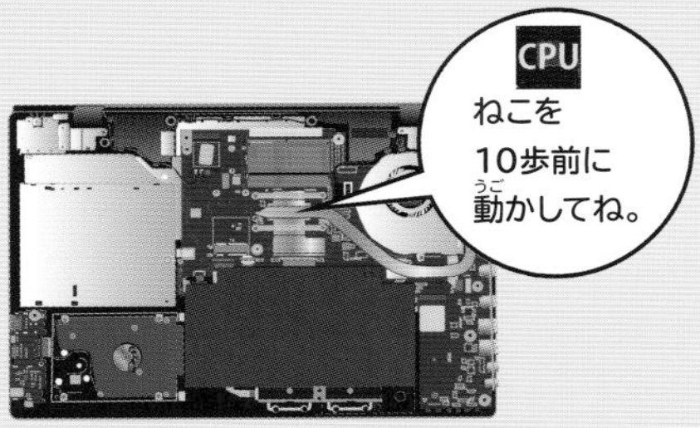
CPU
ねこを
10歩前に
動《うご》かしてね。

●理解《りかい》できることばにおきかえられた指示《しじ》や計算をCPU《シーピーユー》が読んで、実行《じっこう》する。

6

ねこが
10歩前に
動《うご》く。
動《うご》いた!

●画面上《がめんじょう》などに、プログラムが実行《じっこう》された結果《けっか》があらわれる。

※④のことばのおきかえを、①のときにおこなうしくみもあります。

▶人とコンピュータをつなぐ「プログラミング言語」

コンピュータは人のことばを理解《りかい》できないし、人は最初《さいしょ》から、コンピュータにしかわからない特別《とくべつ》なことばでプログラムをつくるのはむずかしい。その間をつないでくれるのが、「プログラミング言語」だよ。

プログラミングツールは「通訳《つうやく》」

日本語がわからない外国の人に何かをつたえたいとき、つたえたいことをその人の国のことばにおきかえてつたえてくれる「通訳《つうやく》」という仕事《しごと》を知っているかな。プログラミング言語やプログラミングアプリなどのツールは、人とコンピュータの間の「通訳《つうやく》」になってくれるよ。

おはよう ございます。
おはようございます。→Good Morning《グッド モーニング》.
Oh! Good Morning《オー グッド モーニング》.（あぁ、おはようございます！）
日本人
通訳《つうやく》
アメリカ人

●日本語 → 英語《えいご》におきかえる

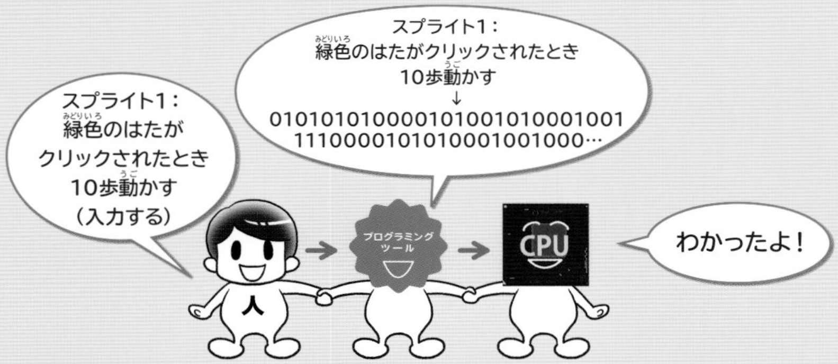

スプライト1：
緑色《みどりいろ》のはたが
クリックされたとき
10歩動《うご》かす
（入力する）
スプライト1：
緑色《みどりいろ》のはたがクリックされたとき
10歩動《うご》かす
↓
01010101000010100101000100l
1110000101010001001000…
プログラミング ツール
CPU
人
わかったよ！

●プログラミング言語 → コンピュータのわかることばにおきかえる

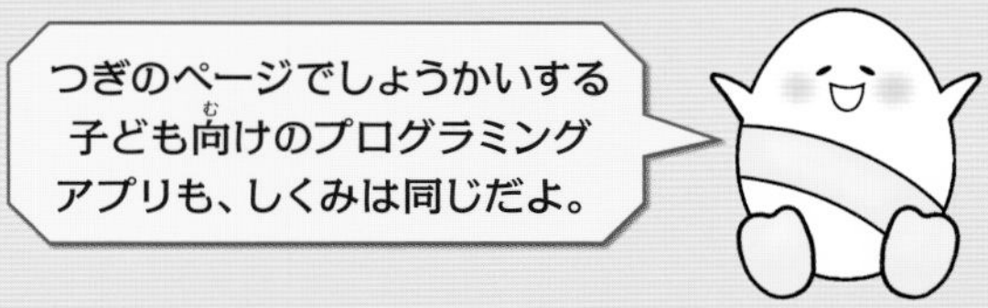

つぎのページでしょうかいする
子ども向《む》けのプログラミング
アプリも、しくみは同じだよ。

いろいろなプログラミング言語

プログラミング言語は、とてもたくさんの種類《しゅるい》があるよ。三つのよく使《つか》われているプログラミング言語で、パソコンの画面《がめん》に「おはよう」と文字を出してみるよ。キーボードで指示《しじ》を出すんだ。

同じ「おはよう」の
文字を出す指示《しじ》でも、
ちょっとずつ、
打《う》つ内容《ないよう》がちがうね。

おはよう

●ジャバ・スクリプト（JavaScript）

インターネットの画面《がめん》に、細かい動《うご》きをつけたりすることができるよ。

alert
(”おはよう”)

●ルビィ（Ruby）

インターネットのサービスをつくるときに、よく使《つか》われているよ。

puts
”おはよう”

●パイソン（Python）

とくに最近《さいきん》では、AI《エーアイ》（人工知能《ちのう》）の開発《かいはつ》によく使《つか》われているよ。

print
(”おはよう”)

この動画《どうが》が見られるのも、
CPU《シーピーユー》がプログラムを
実行《じっこう》してくれている
からなんだね。

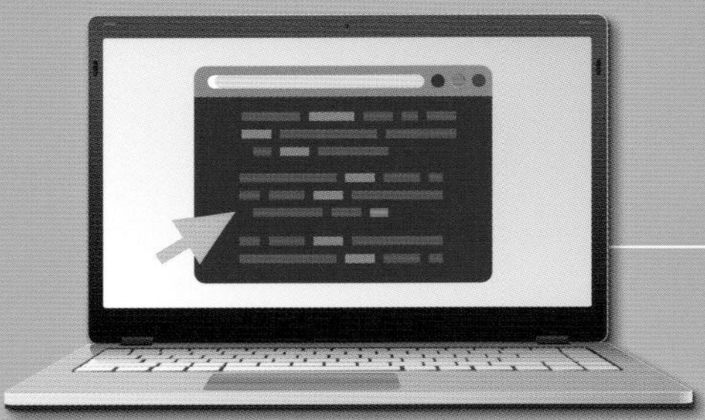

どうやるの？ パソコンを使《つか》ったプログラミング

実際《じっさい》にパソコンを使《つか》ってプログラミングをするときは、どんなふうに、プログラムをつくっているのかな。人気のアプリを例《れい》に見てみよう。

ここでは、三つの例《れい》を
見てみよう。
プログラミングの方法《ほうほう》は、
それぞれちがうんだ。
３巻《かん》では、もっとくわしく
しょうかいしているよ！

Check! プログラミングには、いろいろなやり方がある！

- 子どもでも楽しめる、プログラミング用のいろいろなアプリがある。
- パソコンだけでできるものと、べつの機器《きき》などをセットにして使《つか》うものがある。
- アプリにはそれぞれとくちょうがあって、何をつくるかは、みんなの自由《じゆう》。

①ビスケット（Viscuit）

ビスケットは、自分で絵をかいて、その絵を「メガネ」の左と右に入れることでプログラミングをするよ。絵が動《うご》くアニメーションやゲームが、かんたんにつくれるんだ。

●せいさく画面《がめん》（プログラミングをする画面《がめん》）

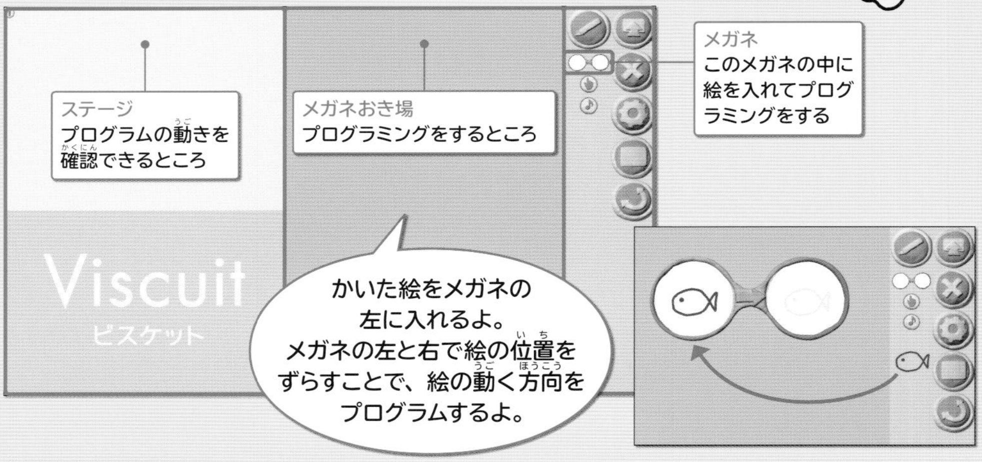
ステージ
プログラムの動《うご》きを確認《かくにん》できるところ
メガネおき場
プログラミングをするところ
メガネ
このメガネの中に絵を入れてプログラミングをする
Viscuit
ビスケット
かいた絵をメガネの左に入れるよ。メガネの左と右で絵の位置《いち》をずらすことで、絵の動《うご》く方向《ほうこう》をプログラムするよ。

●絵をかく画面《がめん》

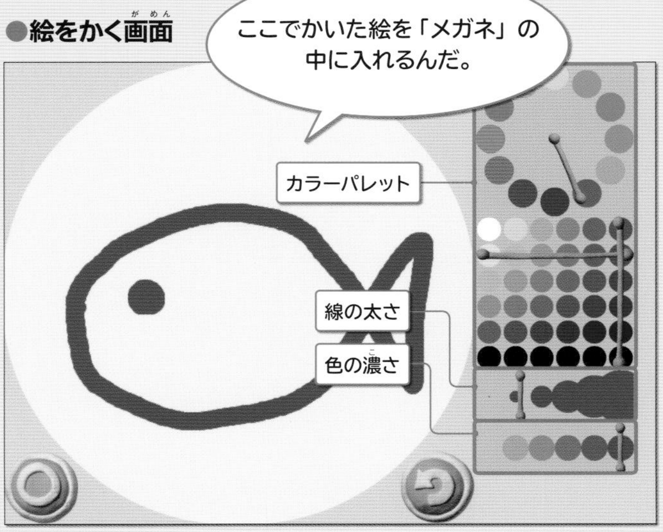
ここでかいた絵を「メガネ」の中に入れるんだ。
カラーパレット
線の太さ
色の濃《こ》さ

●動《うご》かし方の例《れい》

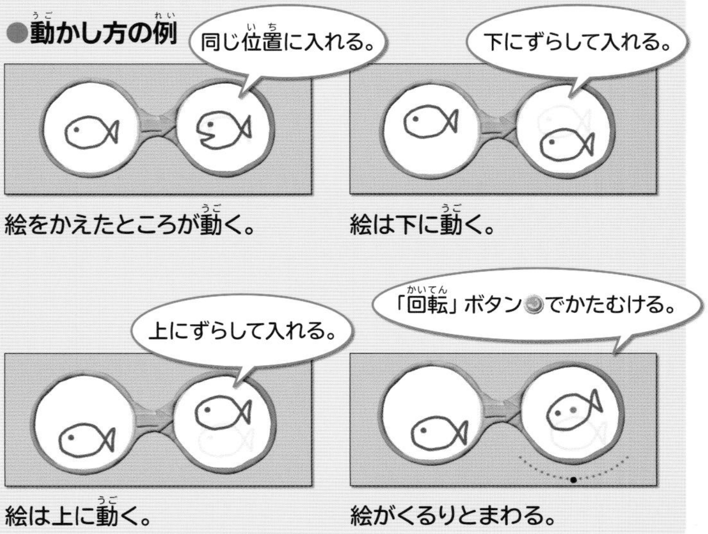
同じ位置《いち》に入れる。
絵をかえたところが動《うご》く。
下にずらして入れる。
絵は下に動《うご》く。
上にずらして入れる。
絵は上に動《うご》く。
「回転《かいてん》」ボタンでかたむける。
絵がくるりとまわる。

②スクラッチ(Scratch)

スクラッチは、画面《がめん》の中で、ブロックをならべてプログラミングしていくよ。ブロックの一つひとつが、コンピュータへの指示《しじ》になっているんだ。

●プログラミングする画面《がめん》

ステージ
プログラムの動《うご》きを確認《かくにん》するところ
カテゴリ
使《つか》うブロックの種類《しゅるい》をえらぶところ
コードエリア
プログラミングをするところ。キャラクターに動《うご》いてほしいとおりに、順《じゅん》番《ばん》にブロックをならべていくよ。
ブロックリスト
たくさんならんだ中から、使《つか》うブロックをえらぶところ
キャラクターがならぶところ

これが、スクラッチでプログラミングするメインの画面《がめん》だよ。ゲームやアニメーションなど、いろいろつくれるよ!

③マイクロビット(micro:bit)

プログラミングって言っても、いろいろなやり方があるのね。

マイクロビットは、それ自体がコンピュータだ。小さな土台の上に、たくさんの機能《きのう》があるよ。最初《さいしょ》に、パソコンでブロックをならべてプログラムをつくってから、マイクロビットに転送《てんそう》して動《うご》かすよ。

●プログラミングをするアプリ「Make Code《メイクコード》」の画面《がめん》

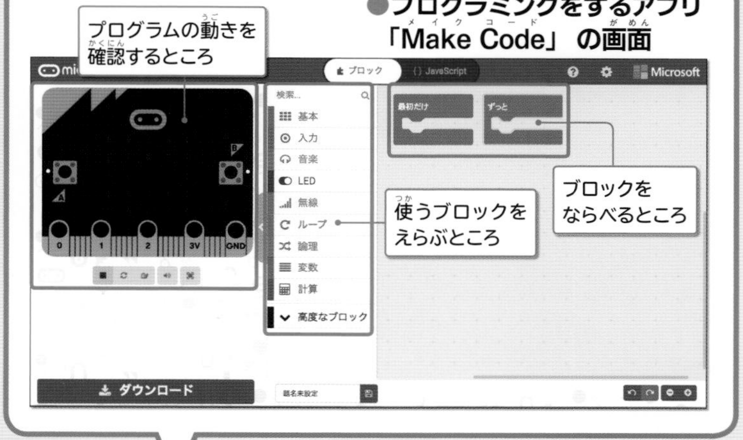
プログラムの動《うご》きを確認《かくにん》するところ
使《つか》うブロックをえらぶところ
ブロックをならべるところ

USB《ユーエスビー》ケーブル
マイクロビット

USB《ユーエスビー》ケーブルを通して、つくったプログラムをマイクロビットに転送《てんそう》する。

プログラムにしたがって、光ったり音を鳴らしたり、いろいろな動《うご》きをするよ。

●マイクロビットのおもなつくり

LED《エルイーディー》・光センサー

赤く光るLED《エルイーディー》。まわりの明るさをはかる機能《きのう》もある。

出力端子《たんし》

スピーカーをつなげたり、さわると反応《はんのう》するタッチセンサーとなる。

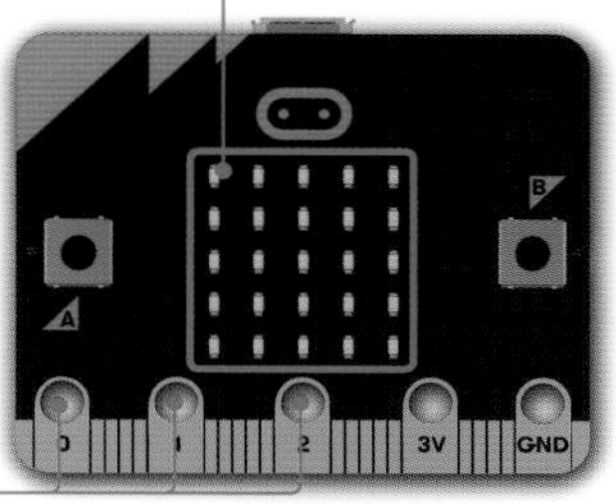

表《おもて》

加速度《かそくど》センサー

かたむきや、速《はや》さをはかる。

プロセッサー・温度《おんど》センサー

プログラムを実行《じっこう》するところ。まわりの温度《おんど》をはかる機能《きのう》もある。

磁気《じき》センサー

マイクロビットの向《む》きをはかる。

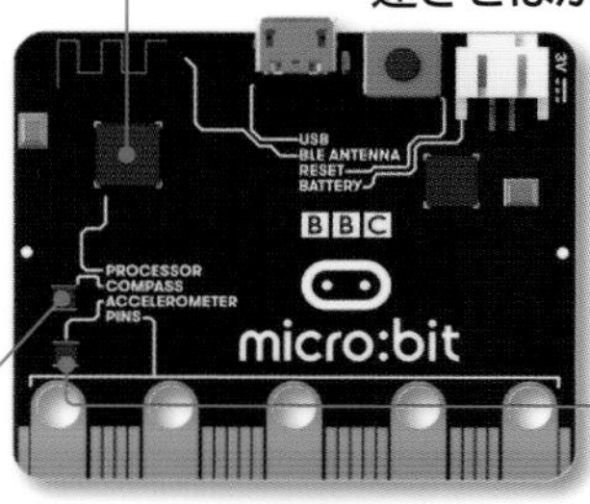

裏《うら》

第《だい》2章《しょう》

コンピュータのしくみ

キーボードをおしたあと、パソコンの中ではどんなことがおこなわれているの？ ディスプレイに文字や画像《がぞう》がうつるのはどうして？ コンピュータの中をのぞいてみながら、コンピュータのしくみとその機能《きのう》の広がりを見ていこう。

さーて、いよいよコンピュータの中にたんけんに行くよ！
わったあ
じゃあ、手をつないで目をつぶって。
おっ、ゼロとイチ来てたのか。
何してん…
ひゅんっ
わ
今ぼくたちがいるのは、キーボードの下だよ。
カメラもってくればよかったな〜。
わたしたち、どれだけ小さくなってるの！？
裏《うら》ぶたをはずしたところ
マザーボード
メモリ
CPU《シーピーユー》
BD《ビーディー》／DVD《ディーブイディー》ドライブ
ハードディスク
バッテリー
冷却装置《れいきゃくそうち》
キーボードの下はこんなふうになっているんだよ。番号《ばんごう》の順《じゅん》に、コンピュータの中をたんけんしていこう！

ここがCPU《シーピーユー》。①
すべての計算をして
コンピュータの動《うご》きを
コントロールするんだ。
へ～。
プログラムを
実行《じっこう》するのもCPU《シーピーユー》だよ。
あれ？
なんか風が！
キャッ
冷却装置《れいきゃくそうち》だよ。②
ブゥーーー
コンピュータが動《うご》くと
熱《あつ》くなるから、
風を出して冷《さ》ますんだ。
へー、
かしこいんだね。
つぎ、
行きましょ！
ここはメモリ。③
データやプログラムを
一時的《いちじてき》に記憶《きおく》して
おくところだよ。
つくえ
みたい
プログラム
データ
データ
プログラム
電源《でんげん》を切ると記憶《きおく》は
消《き》えちゃうんだ。
すぐわすれちゃう
ボクみたい…。
そしてこっちが
ハードディスク。④
ここにデータを長い間
記憶《きおく》しておくんだよ。
本だなみたいなものだね。
プログラム
しゃしん
必要《ひつよう》な情報《じょうほう》を
ここからいつでも
取《と》り出《だ》せるのね！
ボクの本だなは
マンガばっかり
だけど…。
じゃあ、
プログラムを
一つ
見てみようか。
プログラム
ゼロとイチが
いっぱい
出てきた！
わら
わら
ぼくたちの
なかまだよ。
どれが本物《ほんもの》の
ゼロとイチ？
ワー
人の子だー
よろしく！
??
今、いたよね！？

みてみよう! コンピュータのなかみ

ノートパソコンの中は、部品《ぶひん》がいっぱい。スマートフォンのような小さなコンピュータの中にも、だいじな部品《ぶひん》は同じように入っているよ。

マザーボードは、CPU《シーピーユー》やメモリなどのだいじな部品《ぶひん》をつないで、電気をとどけたりデータのやりとりができるようにしたりしているよ。

Check! コンピュータの中は、こうなっている!

- コンピュータの中心となる部品《ぶひん》は、「マザーボード」に取《と》りつけられている。
- 「CPU《シーピーユー》」は「頭脳《ずのう》」の役割《やくわり》をもち、コンピュータの全体《ぜんたい》の動《うご》きを管理《かんり》している。
- 大きさにかかわらず、コンピュータの基本《きほん》のしくみは、ほぼ同じ。

図解《ずかい》｜ノートパソコンのなかみ

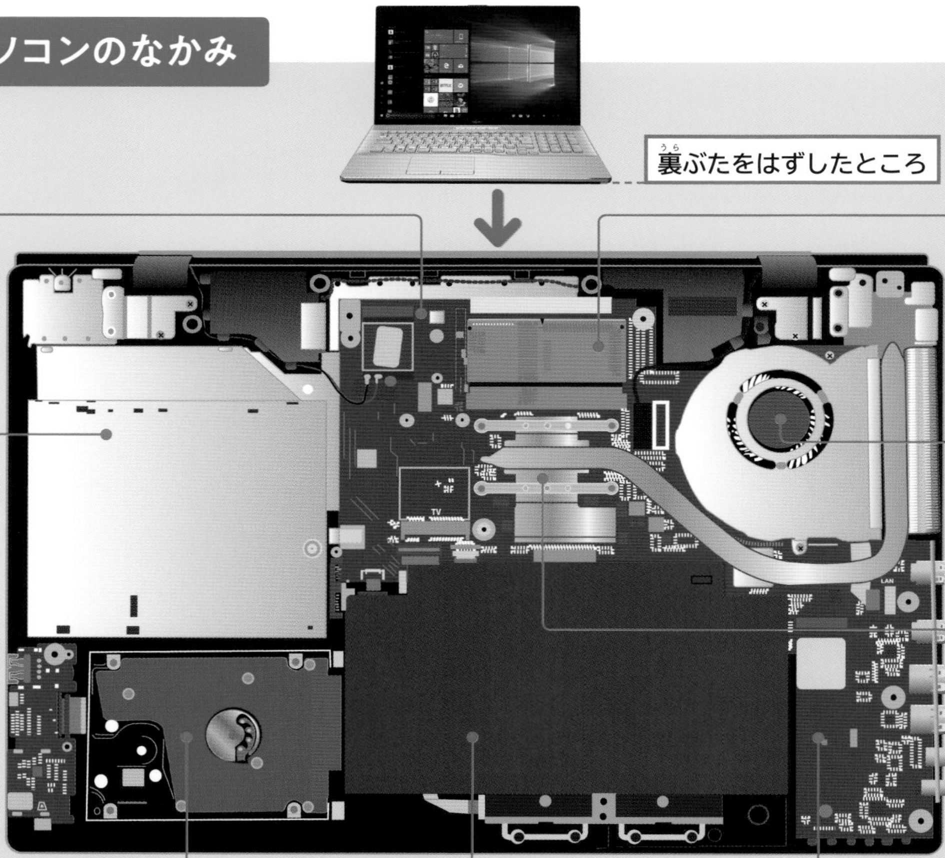

裏《うら》ぶたをはずしたところ

マザーボード
コンピュータの部品《ぶひん》をとりつける土台。

BD《ビーディー》/DVD《ディーブイディー》ドライブ
ブルーレイディスクやDVD《ディーブイディー》のデータを読みとったり、記憶《きおく》したりする。

メモリ
CPU《シーピーユー》が計算するためのデータやプログラムを、いったん記憶《きおく》するところ。※1

冷却装置《れいきゃくそうち》
温度《おんど》が高くなるCPU《シーピーユー》を冷《ひ》やすために風を送《おく》る。

CPU《シーピーユー》
プログラムを実行《じっこう》する、コンピュータの中心部《ちゅうしんぶ》（ヒートパイプ※2の下）。

ハードディスク
データやプログラムを記憶《きおく》するところ。

バッテリー
コンピュータを動《うご》かすための充電式電池《じゅうでんしきでんち》。

SSD《エスエスディー》
データやプログラムを記憶《きおく》するところ。ハードディスクよりも記憶《きおく》する速度《そくど》がはやい。

ハードディスクやSSD《エスエスディー》などの記憶装置《きおくそうち》は、「ストレージ」ともよばれているよ。※1

※1 メモリを主記憶装置《しゅきおくそうち》、ストレージを外部《がいぶ》または補助記憶装置《ほじょきおくそうち》とよぶこともあります。　※2 ヒートパイプ（金色の部分《ぶぶん》）は、CPU《シーピーユー》の熱《ねつ》を冷却装置《れいきゃくそうち》に送《おく》っています。

きほんのしくみは同じ

パソコンよりも小さな、スマートフォンやシングルボードコンピュータ、ゲーム機《き》などは、できることや大きさはさまざまだけれど、中をのぞいてみると、大まかなしくみはにているよ。

スマートフォン

スマートフォンは、パソコンと同じように、インターネットにもつながる小さなコンピュータ。CPU《シーピーユー》やメモリをはじめ、ほかの必《ひつ》要《よう》な部品《ぶひん》をあつめて、パソコンよりも小さくまとめているよ。

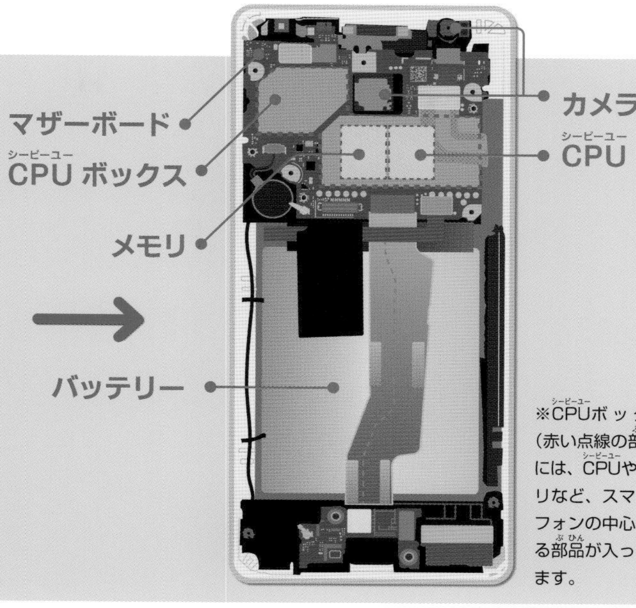

※CPU《シーピーユー》ボックス（赤い点線の部分《ぶぶん》）には、CPU《シーピーユー》やメモリなど、スマートフォンの中心となる部品《ぶひん》が入っています。

シングルボードコンピュータ

1まいのとても小さな台の上に、CPU《シーピーユー》とメモリ、ストレージなどの必要《ひつよう》な部品《ぶひん》がのっているよ。

マイクロビット（micro:bit）

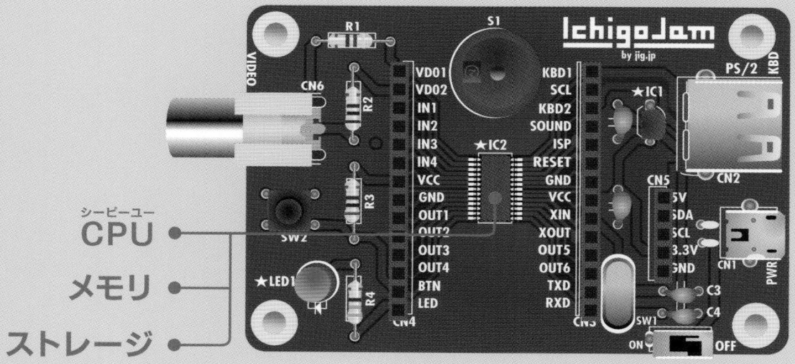

イチゴジャム（IchigoJam）

ゲーム機《き》

みんなにおなじみのゲーム機《き》も、中には同じようにCPU《シーピーユー》やメモリのついたボードが入っているよ。

どうなっているの？ コンピュータが動《うご》くしくみ

コンピュータの中でも、とくにだいじな装置《そうち》は「CPU《シーピーユー》」と「メモリ」だ。
この二つの装置《そうち》がはたらくことで、コンピュータは動《うご》くことができるよ。

CPU《シーピーユー》自体が70度《ど》ちかくの高温《こうおん》になることもあるほど、ものすごいはやさで計算しているよ！

Check! CPU《シーピーユー》が指示《しじ》と計算をして、コンピュータは動《うご》いている！

- コンピュータの動《うご》きは、CPU《シーピーユー》が管理《かんり》する。
- CPU《シーピーユー》には、すべての装置《そうち》に指示《しじ》を出してコンピュータの動《うご》きを管理《かんり》する役目《やくめ》と、指示《しじ》にしたがってたくさんの計算をする（指示《しじ》を処理《しょり》する）役目《やくめ》がある。
- コンピュータの性能《せいのう》は、CPU《シーピーユー》がどれだけたくさん、はやく計算するかで決《き》まる。

図解《ずかい》｜CPU《シーピーユー》の表《おもて》と裏《うら》はこうなっている！

※CPU《シーピーユー》は、ヒートパイプ（金色の部分《ぶぶん》）の下にあります。

表《おもて》

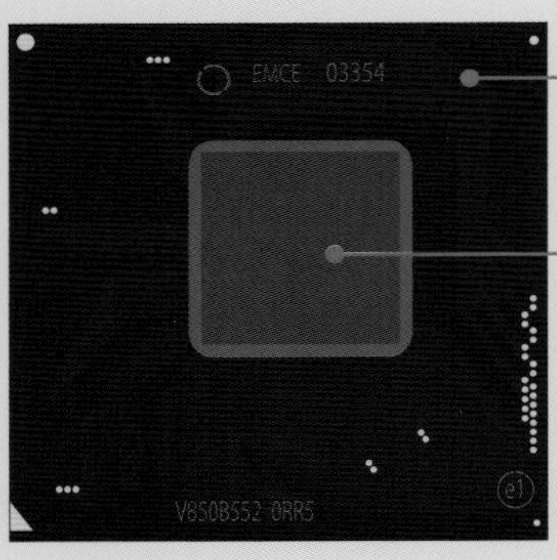

パッケージ
中には、うすくて小さい金《きん》属片《ぞくへん》のCPU《シーピーユー》本体が入っている。

CPU《シーピーユー》本体
２～３mm《ミリメートル》のはばの本体の上には、「トランジスタ」とよばれる小さなスイッチが、数十億《すうじゅうおく》から数千億個《すうせんおくこ》ものっている。CPU《シーピーユー》はこのスイッチの「オン」「オフ」をくりかえすことで、計算をしている。

裏《うら》

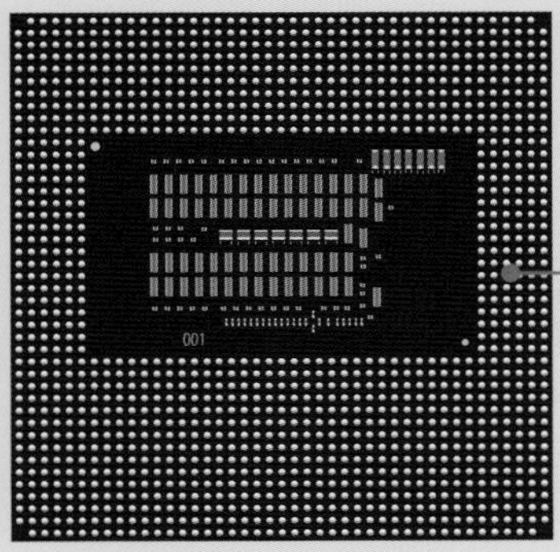

端子《たんし》
裏《うら》にはたくさんの端子《たんし》が出ている。マザーボードに差《さ》しこんで、電気を通したり通信《つうしん》をしたりする。

たとえば、みんながインターネットで動画《どうが》を見るときも、CPU《シーピーユー》がいろいろな計算をして、画面《がめん》に動画《どうが》を表示《ひょうじ》してくれているんだよ。

そのときにも、スイッチの「オン」と「オフ」をたくさんくりかえしているよ。

▶CPU《シーピーユー》とメモリの関係《かんけい》

CPU《シーピーユー》はコンピュータの動《うご》きを管理《かんり》するけれど、CPU《シーピーユー》だけではコンピュータは動《うご》かないよ。
メモリがあるから、CPU《シーピーユー》は計算したりプログラムを実行《じっこう》したりできるんだ。

CPU《シーピーユー》とメモリ

人がキーボードやマウスなどから入力したプログラムやデータなどの情報《じょうほう》は、いったんメモリに書きこまれるよ。CPU《シーピーユー》は、メモリに書きこまれたそれらの情報《じょうほう》を読みにいくんだ。

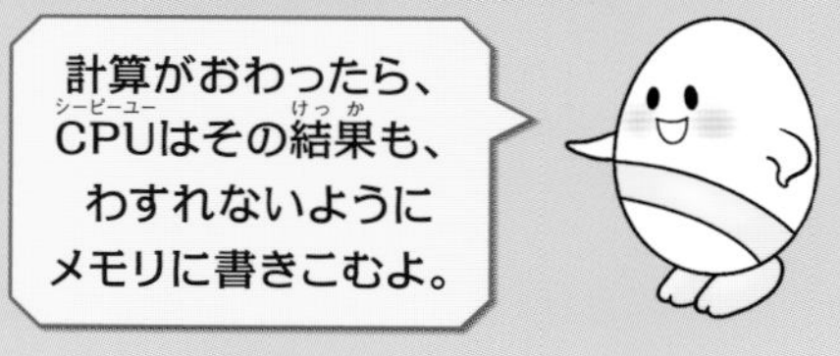

計算がおわったら、
CPU《シーピーユー》はその結果《けっか》も、
わすれないように
メモリに書きこむよ。

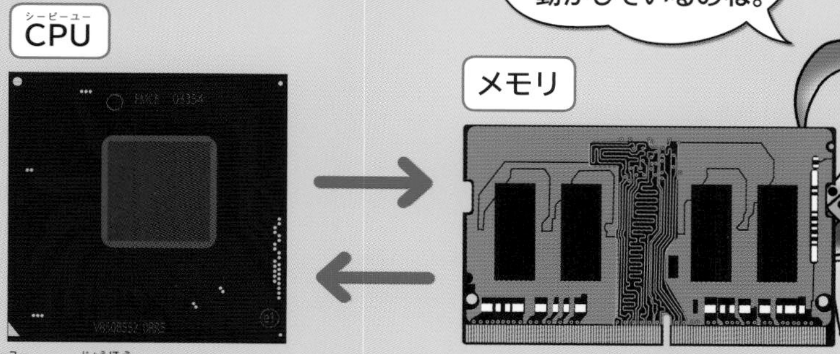

CPU
メモリ

CPU《シーピーユー》とメモリが
助《たす》けあって
コンピュータを
動《うご》かしているのね。

●CPU《シーピーユー》は、情報《じょうほう》を読みとると、メモリの上で、計算をしていくよ。メモリは、つくえのようなものなんだ。

●メモリは、CPU《シーピーユー》が計算するためのデータやプログラムを、いったん記憶《きおく》するところ。黒い四角い部分《ぶぶん》で記憶《きおく》するよ。

コンピュータの動《うご》きの例《れい》

コンピュータが動《うご》くときには、コンピュータにデータが入る「入力」と、その動《うご》きの結果《けっか》があらわれる「出力」がある。その間で、CPU《シーピーユー》とメモリがはたらいているんだ。たとえば、こんなかんじだよ。

①人がマウスで指示《しじ》する
②指示《しじ》にあたる手順《てじゅん》（プログラム）が
メモリに書きこまれる
③CPU《シーピーユー》がメモリのプログラムを実行《じっこう》する
④指示《しじ》の結果《けっか》があらわれる、
の流《なが》れだよ。

画面《がめん》に出すとか
印刷《いんさつ》するとかは、
こんなしくみで
できるんだ!

●ノートパソコンの画面《がめん》に写真《しゃしん》を出す

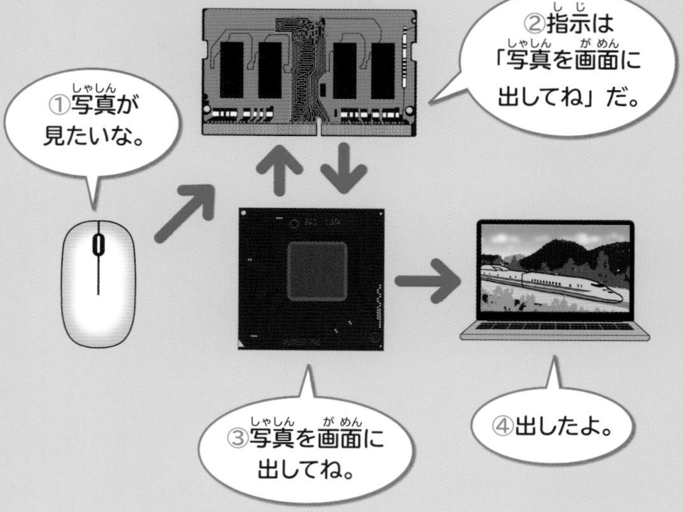

①写真《しゃしん》が見たいな。
②指示《しじ》は「写真《しゃしん》を画面《がめん》に出してね」だ。
③写真《しゃしん》を画面《がめん》に出してね。
④出したよ。

●文章《ぶんしょう》をプリンタで印刷《いんさつ》する

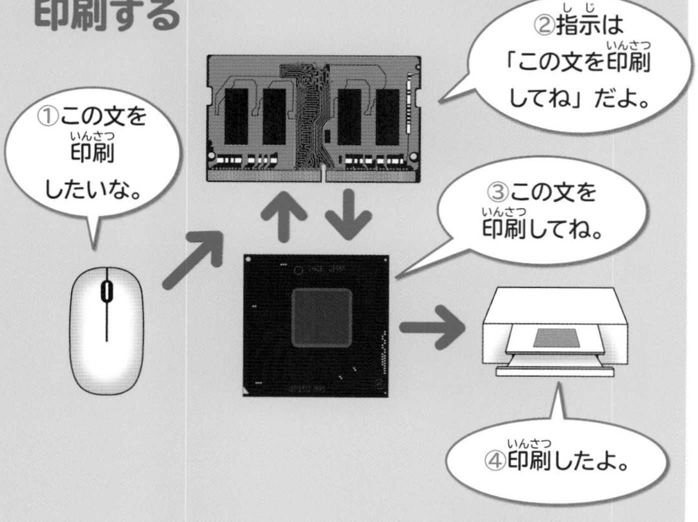

①この文を印刷《いんさつ》したいな。
②指示《しじ》は「この文を印刷《いんさつ》してね」だよ。
③この文を印刷《いんさつ》してね。
④印刷《いんさつ》したよ。

0と1だけ! コンピュータのことば

人の世界《せかい》には、文字や数字、絵や音楽など、いろいろな情報《じょうほう》があるよね。
コンピュータはその情報《じょうほう》を、すべて「0」と「1」であらわしているよ。

CPU《シーピーユー》は、トランジスタというスイッチの「オン」と「オフ」をくりかえすことで計算していたよね。「オン」のときが「1」、「オフ」のときが「0」だ。

Check! コンピュータは、「0」と「1」しか使《つか》わない!

- コンピュータが使《つか》うことばは、数字の「0」と「1」だけ。
- すべての情報《じょうほう》を「0」と「1」におきかえている。
- 「0」と「1」をたくさんならべることで、ふくざつな情報《じょうほう》もあらわせる。

図解《ずかい》 コンピュータが使《つか》う「0」と「1」

「0」は、スイッチ「オフ」!

「1」は、スイッチ「オン」!

- いちばん小さな情報《じょうほう》は、「0」と「1」が一つずつのとき。「はい、いいえ」「ある、ない」など、えらぶことが二つしかないときだ。
- 数字をあらわすときは、0と1のあとも数はふえていくから、2よりも大きい数は、0と1をいくつも組みあわせてふやしていくよ。

えらぶことが二つのときの例《れい》

電気を消《け》す（0）

電気をつける（1）

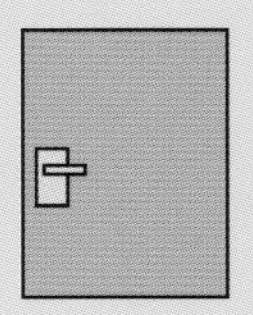
ドアを閉《し》める（0）

ドアを開《あ》ける（1）

数字のあらわし方

人		コンピュータ
0	……	0
1	……	1
2	……	10
3	……	11
4	……	100
5	……	101
6	……	110
7	……	111
8	……	1000
9	……	1001
10	……	1010

「0」と「1」だけで、どうやってあらわすの？

「0」と「1」が一つずつあるだけでは、ふくざつな情報《じょうほう》はあらわせない。コンピュータは、「0」と「1」をたくさんならべて、画像《がぞう》や文字、音楽など、あらゆる情報《じょうほう》をあらわしているよ。

画像《がぞう》のあらわし方の例《れい》

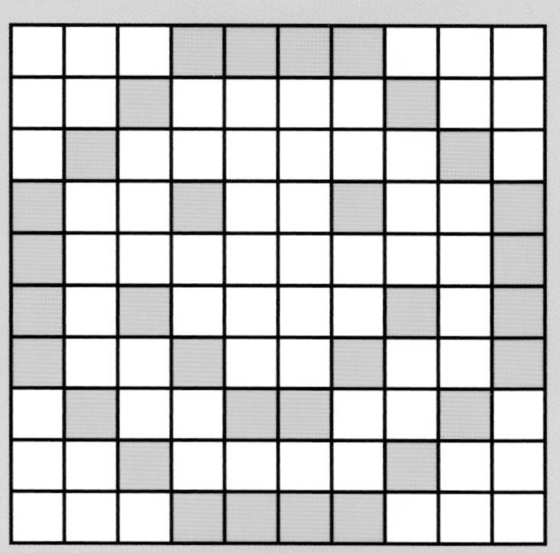

●コンピュータは、画像《がぞう》をたてと横《よこ》に区《く》切《ぎ》って、マス目にわけてとらえるよ。

0	0	0	1	1	1	1	0	0	0
0	0	1	0	0	0	0	1	0	0
0	1	0	0	0	0	0	0	1	0
1	0	0	1	0	0	1	0	0	1
1	0	0	0	0	0	0	0	0	1
1	0	1	0	0	0	0	1	0	1
1	0	0	1	0	0	1	0	0	1
0	1	0	0	1	1	0	0	1	0
0	0	1	0	0	0	0	1	0	0
0	0	0	1	1	1	1	0	0	0

●白いところを「0」、色のついたところを「1」として、画像《がぞう》をあらわすことができるよ。

0001111000001000010001
000000101001001001…

この画像《がぞう》の情報《じょうほう》を
あらわすときは、
こんなことばになる。
左上のマスから右下の
マスまでの数字を
ならべてあらわすよ。

文字を「0」と「1」であらわしてみよう！

アルファベットの大文字のうち、下の文字は「0」と「1」で、こんなふうにあらわされるよ。みんなの名前は、それぞれどれかな。線でつないでみよう。

A	0	1	0	0	0	0	0	1
E	0	1	0	0	0	1	0	1
I	0	1	0	0	1	0	0	1
K	0	1	0	0	1	0	1	1
M	0	1	0	0	1	1	0	1
P	0	1	0	1	0	0	0	0
R	0	1	0	1	0	0	1	0
U	0	1	0	1	0	1	0	1

RUI（ルイ）

PAPA（パパ）

KEI（ケイ）

MAMA（ママ）

01010000 01000001
01010000 01000001

01001011 01000101
01001001

01010010 01010101
01001001

01001101 01000001
01001101 01000001

※答えは47ページを見てね。

つながるよ! コンピュータの広がり

コンピュータは、いろいろな機器《きき》とつながることができる。
必要《ひつよう》なときにそれらとつながることで、できることが広がっていくよ。

いろいろな機器《きき》と
つながることで、
人がコンピュータを
使《つか》ってできることが
ふえていくよ。

Check! コンピュータは、こんな機器《きき》とつながることができる!

- USB《ユーエスビー》 メモリにデータを保存《ほぞん》して、べつの場所《ばしょ》に持《も》ち出《だ》すことができる。
- キーボードとつながることで、文字を入力することができる。
- プリンタとつながることで、画面《がめん》にある情報《じょうほう》を印刷《いんさつ》することができる。
- つながる方法《ほうほう》には、無線通信《むせんつうしん》や、ケーブルなどがある。

図解《ずかい》｜コンピュータとつながる機器《きき》と、つながる方法《ほうほう》の例《れい》

プリンタ
紙に印刷《いんさつ》する。

Wi-Fi《ワイファイ》でつながる
Wi-Fi《ワイファイ》は、無線通信《むせんつうしん》でつながる方法《ほうほう》の一つ。電波《でんぱ》のとどくきょりは20～30m《メートル》ほど。

プロジェクタ
大型《おおがた》のスクリーンなどに映像《えいぞう》をうつす。

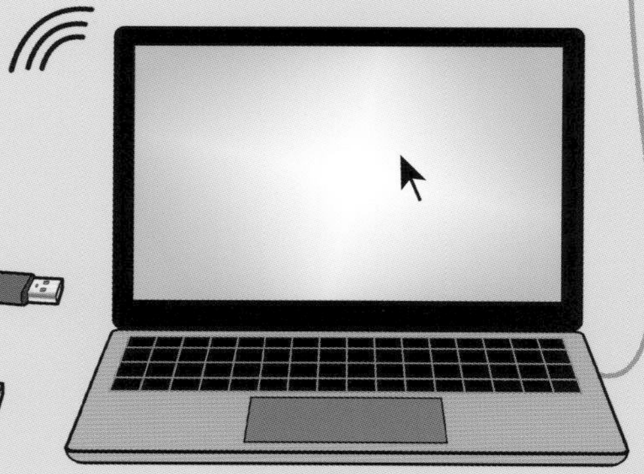

ケーブルでつながる
コンピュータと機器《きき》を銅線《どうせん》でつなぐ。最近《さいきん》はHDMI《エイチディーエムアイ》という種類《しゅるい》のケーブルがふえている。

USB《ユーエスビー》メモリ
データを保存《ほぞん》して持《も》ち歩《ある》ける記憶装置《きおくそうち》。一時的《いちじてき》に、コンピュータに差《さ》して使《つか》う。

USB《ユーエスビー》でつながる
ほとんどの機器《きき》が、USB《ユーエスビー》ケーブルでコンピュータとつながる。ケーブルのほか、USB《ユーエスビー》メモリのように、機器《きき》そのものがつながることもある。

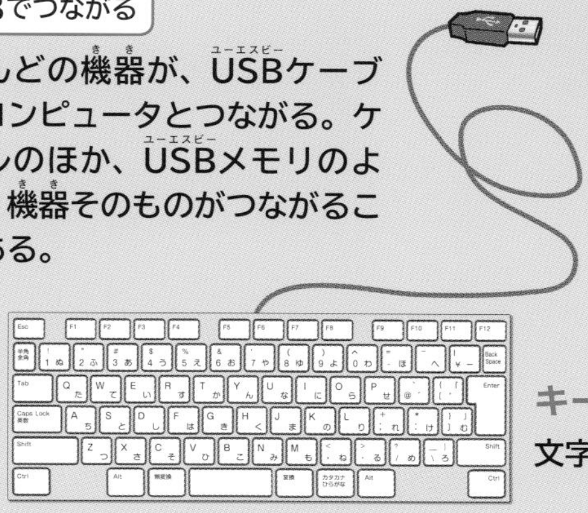

キーボード
文字や数字を入力する。

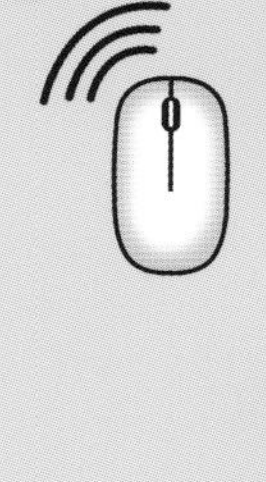

マウス
画面上《がめんじょう》で動《うご》かしたりえらぶ指示《しじ》を出したりする。

ブルートゥースでつながる
無線通信《むせんつうしん》でつながる方法《ほうほう》の一つ。電波《でんぱ》のとどくきょりは10m《メートル》以内《いない》。

※つながり方は例《れい》になります。同じ機器《きき》でも、べつの方法《ほうほう》でもつながることがあります。

▶コンピュータと周《しゅう》辺《へん》機《き》器《き》

コンピュータとつながる機器《きき》は、「周辺機器《しゅうへんきき》」とよばれるよ。中でも「入力装置《そうち》」「出力装置《そうち》」は、人とコンピュータが、わかりやすく情報《じょうほう》をつたえあうために、いろいろな役割《やくわり》をもったものがあるんだ。

入力装置《そうち》

人がコンピュータにしてほしいことをつたえるよ。たとえば、キーボードに文字を打《う》ったり、マウスをクリックしたりするよ。

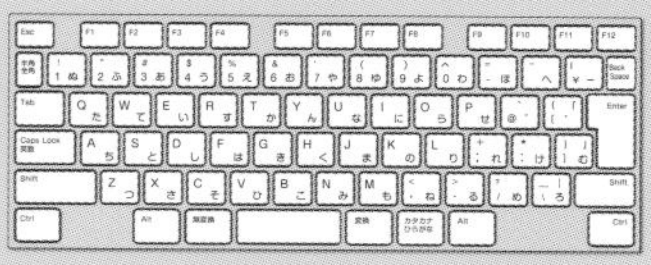

キーボード
文字や数字を入力する。

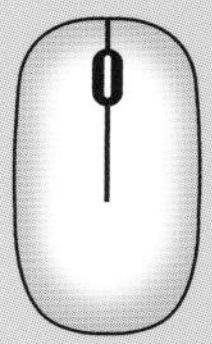

マウス
画面上《がめんじょう》で動《うご》かしたりえらぶ指示《しじ》を出したりする。

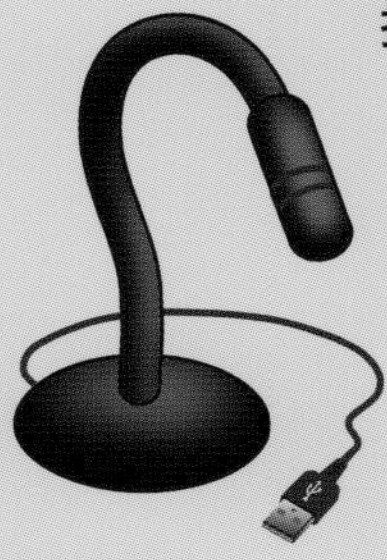

マイク
音声データを送《おく》る。

カメラ
画像《がぞう》データを送《おく》る。

スキャナ
画像《がぞう》データを送《おく》る。

出力装置《そうち》

コンピュータがした計算の結果《けっか》を、人につたえるよ。画面《がめん》に文字や画像《がぞう》を出したり、音を出したりするよ。

プリンタ
紙に印刷《いんさつ》する。

ディスプレイ
処理《しょり》の結果《けっか》を画面《がめん》に出す。

プロジェクタ
大型《おおがた》のスクリーンなどに映像《えいぞう》をうつす。

スピーカー
音声を出す。

ブルートゥースでどうつながる？

コンピュータと周辺機器《しゅうへんきき》がつながる方法《ほうほう》のうち、ブルートゥースに注目《ちゅうもく》してみよう。ブルートゥースでは、つながる相手《あいて》をきちんと指定《してい》するよ。これを「ペアリング」というよ。

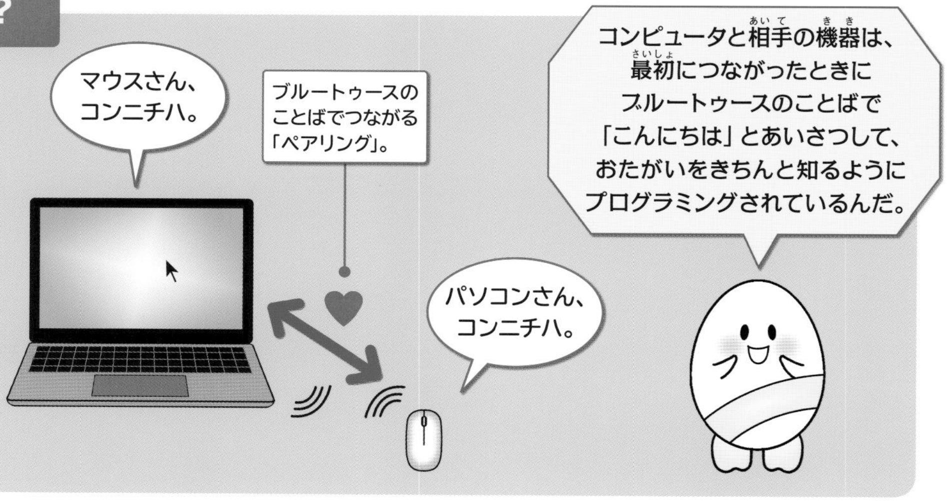
マウスさん、コンニチハ。
ブルートゥースのことばでつながる「ペアリング」。
パソコンさん、コンニチハ。
コンピュータと相手《あいて》の機器《きき》は、最初《さいしょ》につながったときにブルートゥースのことばで「こんにちは」とあいさつして、おたがいをきちんと知るようにプログラミングされているんだ。

もっとつながる！ コンピュータとインターネット

インターネットは、はなれた場所《ばしょ》にあるコンピュータどうしをつなぐ、大きなネットワークだ。
コンピュータを通して、世界中《せかいじゅう》の人《ひと》びとをつなげているよ。

Check! インターネットにつながったコンピュータで、こんなことができる！

- いろいろなホームページや、動画《どうが》を見ることができる。
- はなれた場所《ばしょ》にいる人に、メールを送《おく》ることができる。
- はなれた場所《ばしょ》にいる人と、同じゲームの中で対戦《たいせん》できる。

コンピュータで動画《どうが》を見たり、
調《しら》べものをしたりするのも、
あたり前のようになってきたね。
インターネットはふだんの生活に
かかせないものになっているよ。

図解《ずかい》 つながる！インターネット

家のスマートフォンも
学校のタブレットも
パパの会社のパソコンも
みんな、インターネットで
つながっているのね！
インターネットは、光ケーブルや
無線通信《むせんつうしん》で、国内をはじめ世界中《せかいじゅう》
のコンピュータを網《あみ》の目のように
つないでいるよ。

▶インターネットで広がる世界《せかい》

コンピュータどうしがインターネットでつながることで、ホームページを見たり、メールを送《おく》ったり、いろいろなことができるようになったよ。最近《さいきん》では家電《かでん》のように、中に小さなコンピュータが組みこまれたものも、インターネットにつながるようになってきたんだ。

家電《かでん》もつながる！ IoT《アイオーティー》の社会がやってくる

家電《かでん》などの、身《み》のまわりのコンピュータがインターネットにつながることで、家の外からいろいろな指示《しじ》を家電《かでん》に送《おく》れるようになるよ。エアコンをつけたり、おふろの用意《ようい》などを、出かけた先からできると便利《べんり》だね。

Wi-Fi《ワイファイ》ルーター
消《け》しわすれた
スイッチを消《け》したり、
家に帰る前に
動《うご》かしたいときにも
ありがたいわ!

いろいろなものが
インターネットで
つながることを、
「IoT《アイオーティー》」とよぶよ。

家電《かでん》に指示《しじ》を送《おく》るには、
前のページでも
しょうかいした、
無線通信《むせんつうしん》のWi-Fi《ワイファイ》が
よく使《つか》われるよ。

海外のコンピュータどうしは、どうつながっている？

遠くはなれた海外のコンピュータどうしは、おもに海底《かいてい》ケーブルを通してつながっているよ。世界中《せかいじゅう》の海にはりめぐらされた海底《かいてい》ケーブルの中を、びっくりするほど大量《たいりょう》の情《じょう》報《ほう》が、すごいはやさで、行ったり来たりしているんだ。

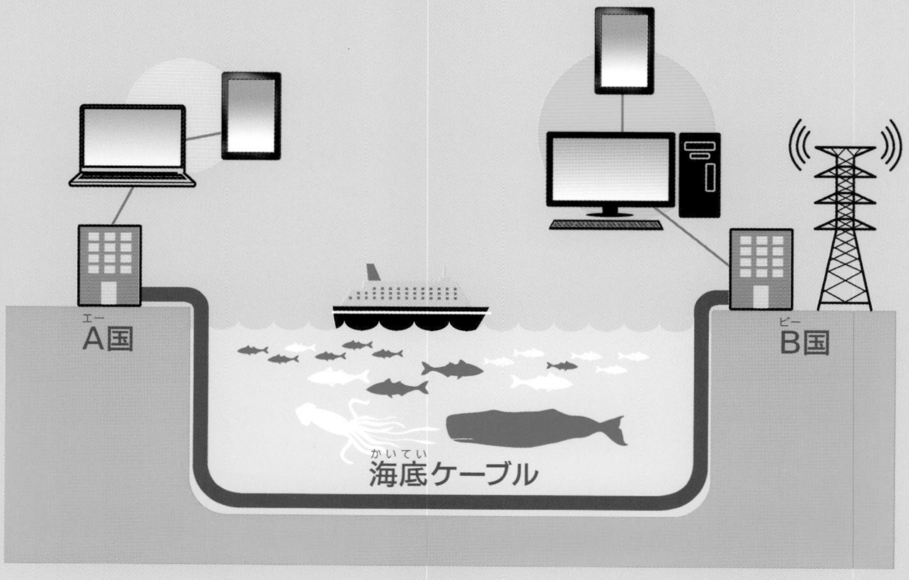
A《エー》国
B《ビー》国
海底《かいてい》ケーブル

日本とアメリカをむすぶ
海底《かいてい》ケーブルの場合、
いちばん深《ふか》いところでは、
8000m《メートル》もの深さの海底《かいてい》に
しかれているよ。

なるほどコラム

君《きみ》にもつくれる!? 自分のコンピュータ

～イチゴジャムを組み立てよう～

「イチゴジャム」は、3巻《かん》でもくわしくしょうかいしているよ。見てみてね！

コンピュータは、完成《かんせい》された製品《せいひん》を使《つか》うものだと、あたり前のように思っている人も多いんじゃないかな。ここでは、自分で部品《ぶひん》をつないで組み立てられる、「イチゴジャム（IchigoJam）」という小さなコンピュータをしょうかいするよ。

イチゴジャムは、自分でつくる組み立てキットも販売《はんばい》されているんだ。組み立てたイチゴジャムに、キーボードとディスプレイ、電源《でんげん》をつなげば、すぐにプログラミングがはじめられるよ。

90分
めやすの時間
低
中
高
レベル：中学年以上《いじょう》

用意《ようい》するもの

- イチゴジャム組み立てキット（ブレッドボード）
- キーボード（推奨《すいしょう》あり：USB《ユーエスビー》とPS2《ピーエスツー》に対応のもの）
- ディスプレイ
- マイクロUSB《ユーエスビー》ケーブルと電源《でんげん》

購入《こうにゅう》はここからできるよ：「IchigoJam ブレッドボードキット」　https://hello002.stores.jp/items/552b6d303bcba9413f000aa7

1 組み立てキットを開《あ》けよう

白い板《いた》と、種類《しゅるい》べつにまとめられた部品《ぶひん》が入っているよ。

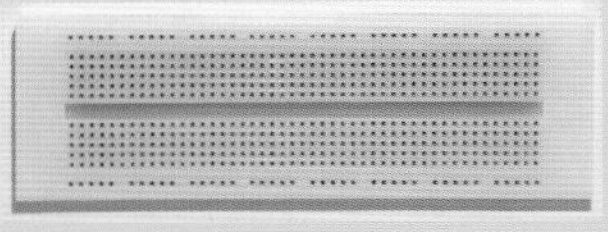

●**ブレッドボード**
部品《ぶひん》をはめこむ板《いた》。ノートパソコンのマザーボードの代《か》わりになる。

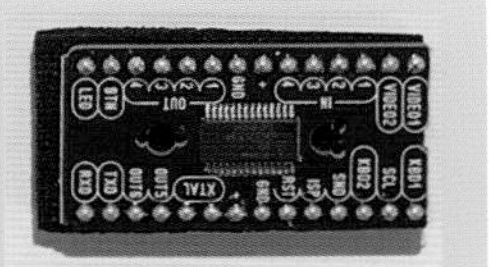

●**CPU《シーピーユー》**
真《ま》ん中《なか》にあるCPU《シーピーユー》の本体に、メモリとストレージも入っている。

●**ビデオ端子《たんし》、キーボード端子《たんし》**
ディスプレイと、キーボードにつなげるところ。

●そのほかの部品《ぶひん》
配線用《はいせんよう》のケーブル
電源用端子《でんげんようたんし》
電源《でんげん》スイッチ　など

2 部品《ぶひん》をはめていこう

ブレッドボードに、まず、CPU《シーピーユー》、ビデオ端子《たんし》、キーボード端子《たんし》、電源用端子《でんげんようたんし》、電源《でんげん》スイッチをはめていくよ。つぎに、小さな電子部品《ぶひん》をはめていこう。

●たくさんでている線を、ボードのあなにはまるように差《さ》していこう。

部品《ぶひん》をおくための小皿《こざら》のようなものがあるといいよ。

3 配線《はいせん》をしていこう

部品《ぶひん》をはめおわったら、ケーブルで配線《はいせん》をしていくよ。ケーブルはたくさんあるけれど、配線図《はいせんず》にしたがって、一つずつ差《さ》していけばだいじょうぶだよ。

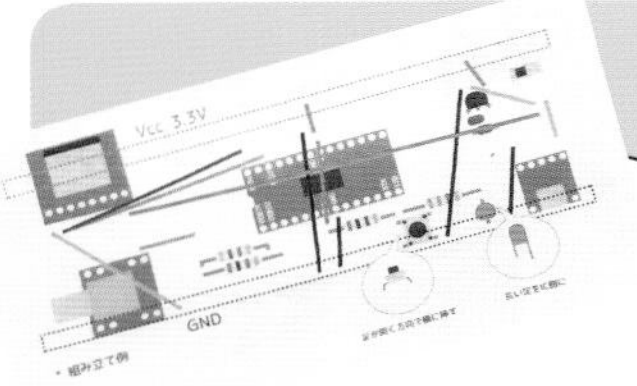

キットには設計図《せっけいず》が入っているよ！部品《ぶひん》のはめこみも配線《はいせん》も、これを参考《さんこう》にしてみてね。

4 キーボードやディスプレイをつないで完成《かんせい》！

最後《さいご》に、キーボード、ディスプレイ、電源《でんげん》ケーブルをつないでいこう。電源《でんげん》スイッチを入れて、画面《がめん》がうつれば完成《かんせい》だ！

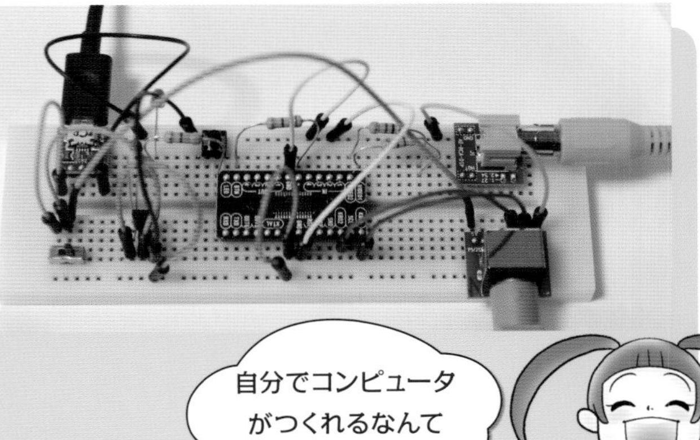

自分でコンピュータがつくれるなんてすごい！

もっと知りたい！ プログラミング

コンピュータ博士《はかせ》になろう！

ここまで読んできて、コンピュータとプログラミングについて、はじめて知ることがたくさんあったのではないかな。ここでは、コンピュータのちょっと楽しい話にふれながら、本の中でしょうかいしたことをもう少しくわしくみていくよ。

コンピュータはいつ生まれたの？

パソコン、スマートフォンといった、身近《みぢか》なコンピュータをみてきましたね。実《じつ》はコンピュータは、はじめから今のようなすがただったわけではありません。

人がおこなう計算を助《たす》ける機械《きかい》は、電気が発明《はつめい》されるずっと前から、いろいろありました。みなさんがよく知っている「そろばん」も、その一つです。商売《しょうばい》をしたり、建物《たてもの》を建《た》てるときなど、たくさんの計算を正確《せいかく》におこなう必要《ひつよう》は、昔《むかし》からあったのです。

やがていろいろな産業《さんぎょう》がさかんになってくると、できるだけ人の手をかけずに、よりはやく計算できる機《き》械《かい》がもとめられるようになってきました。そして、いろいろな新しい技術《ぎじゅつ》が発明《はつめい》された20世紀《せいき》（1900年代《ねんだい》）の中ごろに、今のコンピュータの元となる機械《きかい》がつくられました。今から、80年ほど前のことです。

◉コンピュータの元祖《がんそ》ってどんなもの？

なかでも有名《ゆうめい》なのは、「エニアック（ENIAC）」という機械《きかい》です。エニアックは、今のコンピュータとは、だいぶようすがちがっていました。その大きさは、横《よこ》はばが約《やく》30m《メートル》もあり、おくためには、大きな倉庫《そうこ》が必要《ひつよう》でした。

また、使《つか》われている部品《ぶひん》も大きくちがいます。当時は、機械《きかい》をかたちづくるおもな部品《ぶひん》に、「真空管《しんくうかん》」という、電球《でんきゅう》のようなかたちをしたものを使《つか》っていました。今のコンピュータでいうと、CPU《シーピーユー》にある「トランジスタ」（32ページを見てね）にあたるものです。エニアックは、約《やく》1万7000個《こ》もの真空管《しんくうかん》をならべることでできていました。そして、今のCPU《シーピーユー》の役割《やくわり》をはたす部分《ぶぶん》も、たくさんの機械《きかい》をケーブルで接続《せつぞく》していくことでつくられていました。いろいろな面《めん》で、今のコンピュータとは、だいぶようすがことなりますね。

エニアックは、1943年にアメリカで開発《かいはつ》がはじまり、1946年から1955年まで使《つか》われた。この写真《しゃしん》は、エニアックのメインのコントロールパネルを操作《そうさ》しているところ。 (Eniac , ©John Morton／CC BY-SA 2.0)

たくさんの真空管《しんくうかん》がならぶ、エニアックの裏《うら》がわ。真空管《しんくうかん》はこわれやすかったため、電源《でんげん》を入れたり切ったりするたびに何個《なんこ》かこわれてしまい、毎回部品《ぶひん》を取《と》りかえるのがたいへんだったという。

(ENIAC Tubes , ©Erik Pitti／CC BY 2.0)

もっと知りたい！ プログラミング

コンピュータ博士《はかせ》になろう！

◉プログラミングの方法《ほうほう》もちがっていた

エニアックは、入力装置《そうち》や出力装置《そうち》も、今とはまったくちがっていました。当時は、ディスプレイ（画面《がめん》）やキーボードもなかったのです。また、ハードディスク（記憶装置《きおくそうち》）にあたるものが発明《はつめい》されるのも、ここからまだ何年もあとのことです。代《か》わりに紙のカードや、紙のテープを使《つか》って、それらにたくさんの「あな」を開《あ》けることで、情報《じょうほう》を記録《きろく》していました。

では、そのような中で、プログラミングはどうやっておこなっていたのでしょう。ディスプレイがないため、今のコンピュータのように、画面《がめん》を見ながらプログラムをつくるわけにはいきません。そのため、「ああでもない、こうでもない」と、コンピュータに指示《しじ》する内容《ないよう》をよく考えてから、やはり紙に「あな」をあけることで、プログラムをつくっていたのです。

そして、そのプログラムを実行《じっこう》するためには、機械《きかい》のケーブルのつなぎ方を毎回調整《ちょうせい》する必要《ひつよう》がありました。この 80 年で、コンピュータのすがたがずいぶんかわってきたことが、よくわかりますね。

「パンチカード」とよばれる紙のカード。右にある数字などのキーを打《う》ってあなを開《あ》けて、プログラミングしていく。どの位置《いち》にあなが開《あ》いているかで、何が書かれているかがわかるようになっている。今のように、指示《しじ》の内容《ないよう》を考えながら、なんども画面上《がめんじょう》でやり直すようなことはできず、あなを開《あ》ける位置《いち》をまちがえたら、新しいカードにかえて、もういちど最初《さいしょ》からやり直していた。

フロッピーディスクの表《おもて》（左）と裏《うら》（右）。2020年現在《げんざい》はほとんど使《つか》われなくなったが、今でも、そのすがたは、いろいろなアプリの「保存《ほぞん》」をあらわすアイコンとしてのこっている。

◉記憶装置《きおくそうち》のうつりかわり

エニアックが活躍《かつやく》していた当時は、紙に「あな」を開《あ》けることで情報《じょうほう》を記録《きろく》していましたが、やがて、記録《きろく》の方法《ほうほう》は、磁気《じき》（じしゃくが鉄《てつ》をひきつけたり、しりぞけたりするはたらきのこと）を使《つか》ったしくみにかわっていきました。

音楽を録音《ろくおん》するための「カセットテープ」を見たことがありますか？ これも、磁気《じき》を使《つか》って記録《きろく》するしくみの一つです。今から 40 年ほど前は、このカセットテープに、プログラムやデータを保存《ほぞん》するのがあたり前でした。

やがて、コンピュータであつかう情報《じょうほう》がふえてくると、使《つか》われるようになったのが「フロッピーディスク」です。やはり磁気《じき》を使《つか》って記録《きろく》するしくみで、ふつうの家庭用《かていよう》のパソコンから、大きな産業用《さんぎょうよう》のコンピュータまで、広く使《つか》われました。

2020 年現在《げんざい》、記憶装置《きおくそうち》のしくみとして主流《しゅりゅう》になっているのは、この本の 30 ページでもしょうかいした「ハードディスク」と「SSD《エスエスディー》」です。ハードディスクは磁気《じき》を使《つか》って記憶《きおく》しますが、SSD《エスエスディー》は「フラッシュメモリ」というべつの技術《ぎじゅつ》を使《つか》っています。SSD《エスエスディー》の方が、よりはやく情報《じょうほう》の読みこみ、書きこみができるという長所《ちょうしょ》があります。

プログラムの「バグ」って何？

◉コンピュータを止めた「虫」

プログラムをつくって実行《じっこう》してみたものの、思ったとおりに動《うご》かない、ということは、ざんねんながら、少なくありません。このようなときに、「『バグ』が出た」と言うことがあります。バグとは、英語《えいご》で「虫」のことです。しかし、なぜ「虫」なのでしょう。

コンピュータやプログラムのバグについては、おもしろい話がのこっています。

エニアックには「真空管《しんくうかん》」という部品《ぶひん》が使《つか》われていましたが、当時つくられていたコンピュータの中には、「リレー」という部品《ぶひん》が使《つか》われたものもありました。

ある日、アメリカのハーバード大学で開発《かいはつ》された「マークⅡ《ツー》」というコンピュータが、とつぜんうまく動《うご》かなくなりました。巨大《きょだい》なコンピュータのあちこちを調《しら》べた結果《けっか》、この「リレー」に、一ぴきの「蛾《が》」がはさまっていたのです。文字どおり、虫がコンピュータを止めてしまったのです。このときから、コンピュータやプログラムにかかわる不具合《ふぐあい》のことを、「バグ」とよぶようになったのだそうです。

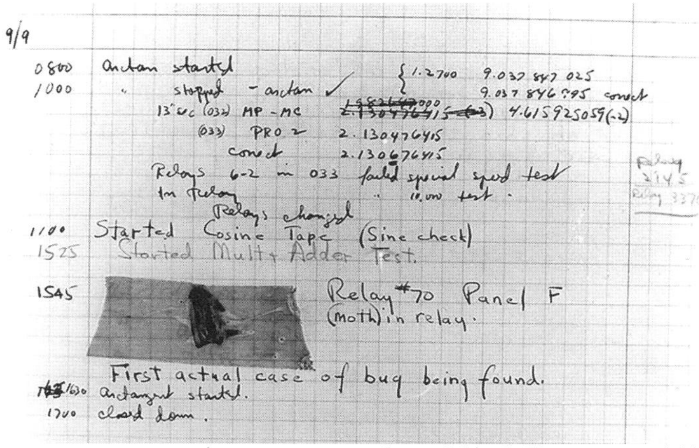
9/9
Started Cosine Tape (Sine check)
Started Mult + Adder Test.
Relay #70 Panel F
(moth) in relay.
First actual case of bug being found.
closed down.

コンピュータの中に閉《と》じこめられた「蛾《が》」の記録《きろく》。発見《はっけん》した人が、記録《きろく》用紙に実物《じつぶつ》をはりつけて保存《ほぞん》した。記録《きろく》には、「バグが最初《さいしょ》に見つかった実際《じっさい》のケース」などと書かれている。

すごいぞ！ スーパーコンピュータ

◉パソコンの計算力をはるかに上まわる！

では、最先端《さいせんたん》のコンピュータはどんなすがたでしょう。みなさんは、「スーパーコンピュータ」という名前を聞いたことはありますか。ふつうのパソコンではとても時間がかかる計算を、ものすごく短《みじか》い時間でおこなうことができる、超高性能《ちょうこうせいのう》なコンピュータのことです。日本では 1980 年代《ねんだい》から開発《かいはつ》がはじまり、2019 年までは「京《けい》」というスーパーコンピュータが活躍《かつやく》していました。「京《けい》」は、人がおこなうと３億《おく》年もかかる計算を、たったの１秒《びょう》で計算することができました。

今いちばん新しい日本のスーパーコンピュータは、「富岳《ふがく》」という名前です。2014 年から開発《かいはつ》がはじまり、「京《けい》」にかわって、2021 年から本格的《ほんかくてき》な利用《りよう》がはじまりました。

こうしたスーパーコンピュータは、天気予報《よほう》や新しい薬《くすり》の開発《かいはつ》、宇宙《うちゅう》の調査《ちょうさ》などの、いろいろな科学技術《ぎじゅつ》の分野でその計算力を発揮《はっき》して、わたしたちの生活の中で役《やく》立《だ》っています。地震《じしん》や津波《つなみ》の被害《ひがい》を予測《よそく》して、災害《さいがい》にそなえることにも使《つか》われます。日本だけではなく、世界中《せかいじゅう》でスーパーコンピュータの研究《けんきゅう》と開発《かいはつ》が進《すす》められていて、その計算能《のう》力《りょく》は、どんどん上がってきているのです。

（©Fujitsu）

「富岳《ふがく》」の計算機《けいさんき》ラック。「富岳《ふがく》」は、「京《けい》」の最大《さいだい》百倍《ばい》もの計算能力《のうりょく》をもつといわれている。「富岳《ふがく》」という名前は、「富士山《ふじさん》」のイメージから、山頂《さんちょう》（計算する能力《のうりょく》）の高さと、すそ野（使《つか》い道《みち》や、使《つか》う人たち）の広がりを、両方《りょうほう》追《お》いもとめていくことからつけられた。

使《つか》いやすくなるコンピュータ

◉「ユーザーインターフェイス」って何？

今のパソコンにはあたり前のようについているキーボードやディスプレイ（画面《がめん》）などが、最初《さいしょ》からコンピュータにあったわけではないことをみてきました。こうした便利《べんり》な機器《きき》がコンピュータにつくまでには、いろいろな人たちのアイデアや努力《どりょく》があったのです。

人がコンピュータを使《つか》うときの、操作《そうさ》する方法《ほうほう》のことを「ユーザーインターフェイス」と言います。ユーザーインターフェイスは、少しずつ、使《つか》いやすいように改良《かいりょう》されてきました。たとえば、スマートフォンやタブレットは、画面《がめん》を指《ゆび》でタッチして操作《そうさ》しますね。この方法《ほうほう》も、使《つか》いやすさが人《ひと》びとに受《う》け入れられて、この10年ほどの間に広まったユーザーインターフェイスです。また、人がしたいことをコンピュータにつたえるときに、直接《ちょくせつ》スマートフォンなどに話しかけることで、操作《そうさ》がおこなえるようにもなってきました。この音声でのコミュニケーションも、その一つです。

映像《えいぞう》を見る方法《ほうほう》にも、「仮想現実《かそうげんじつ》（VR《ブイアール》）」とよばれる、新しい技術《ぎじゅつ》が登場《とうじょう》しています。コンピュータによってつくりだされた、実際《じっさい》にはない世界《せかい》を体験《たいけん》することができるものです。これからも、どんなユーザーインターフェイスが登場《とうじょう》してくるか、楽しみですね。

「VR《ブイアール》ゴーグル」をかけると、コンピュータがつくりだした世界《せかい》を、まるで実際《じっさい》に見ているように体験《たいけん》できる。たとえば、本当に宇宙《うちゅう》ステーションの中にいるような映像《えいぞう》を見ながら宇宙飛行士《うちゅうひこうし》が訓練《くんれん》をしたり、人の体の中の映像《えいぞう》を見ながら、医者《いしゃ》が手術《しゅじゅつ》の練習《れんしゅう》をしたりと、いろいろなことに使《つか》われはじめている。

これからの無線通信《むせんつうしん》、5G《ファイブジー》

◉通信速度《つうしんそくど》が、数十倍《ばい》から百倍《ばい》もはやくなった！

スマートフォンは、いろいろな場所《ばしょ》で通話ができたり、インターネットに接続《せつぞく》できる、便利《べんり》なコンピュータです。2020年２月まで、スマートフォンでは、おもに２種類《しゅるい》の通信方法《つうしんほうほう》を使《つか》っていました。一つは、この本の第《だい》２章《しょう》にも出てきた「Wi-Fi《ワイファイ》」です。家や店の中など、近いきょりで使《つか》えます。もう一つは、「LTE《エルティーイー》（4G《フォージー》）」という方法《ほうほう》です。日本全国《ぜんこく》すみずみまでとはいきませんが、かなり広いはんいで使《つか》うことができます。しかし、Wi-Fi《ワイファイ》よりもおそいので、たくさんの情報《じょうほう》をやりとりするのには向《む》きません。

これを解決《かいけつ》する、新しい通信技術《つうしんぎじゅつ》が、2020年の春からはじまった「5G《ファイブジー》」です。

5G《ファイブジー》の「G《ジー》」は、「Generation《ジェネレーション》（世代《せだい》）」を意味《いみ》している。LTE《エルティーイー》は、通信《つうしん》の技術《ぎじゅつ》の中では第《だい》4世代《せだい》（4G《フォージー》）にあたり、そのつぎの第《だい》5世代《せだい》が、この5G《ファイブジー》。5G《ファイブジー》の技術《ぎじゅつ》では、たとえば遠くはなれた場所《ばしょ》で、今までよりくわしい患者《かんじゃ》の病気《びょうき》の画像《がぞう》や映像《えいぞう》をもとに医師《いし》が診断《しんだん》できる「遠隔医療《えんかくいりょう》」など、広い分野で活用されている。

5G《ファイブジー》は、これまでのLTE《エルティーイー》（4G《フォージー》）よりも、計算の上では十倍以上《ばいいじょう》の通信速度《つうしんそくど》が期待《きたい》できます。しかも、同時にたくさんの機械《きかい》で使うことができるのも特徴《とくちょう》です。5G《ファイブジー》が使《つか》える地《ち》域《いき》は現在《げんざい》もふえており、2022年３月には、全国で人口の90%以上《いじょう》に対応《たいおう》するなど、整備《せいび》が急速《きゅうそく》に進《すす》んでいます。

また、いろいろな分野に応用《おうよう》できる5G《ファイブジー》の技術《ぎじゅつ》は、将来《しょうらい》の国の力に影響《えいきょう》をあたえるほど重要《じゅうよう》だとも考えられています。5G《ファイブジー》の登場《とうじょう》により、新しいネット社会がはじまるかもしれません。

文字を数であらわす方法《ほうほう》

◉アルファベットを数であらわす方法《ほうほう》

コンピュータが生まれた当時は、いろいろな計算をコンピュータにさせることが目的《もくてき》でした。ですから、まず最初《さいしょ》にコンピュータがあつかえるようになったのは、「数」でした。0と1だけでも、34ページでしょうかいした方法《ほうほう》で、たくさんの数をあらわすことができます。

その後、数だけではなく、コンピュータで「文字」をあつかう方法《ほうほう》が研究《けんきゅう》されていきました。

コンピュータが生まれたのは、おもに、アメリカやヨーロッパの国ぐにです。そのため、コンピュータがあつかえる文字は、それらの国で使《つか》われている、アルファベットと記号《きごう》だけでした。それぞれの文字と記号《きごう》の位置《いち》を決《き》めた表《ひょう》を一つつくれば、その位置《いち》を数字でしめすことで、文字をあらわすことができるようになったのです。

アルファベットの数は、それほど多くありませんから、表《ひょう》の大きさも、それほど大きなものではありません。これが、コンピュータの中で文字をあつかうしくみです。だれもが同じ表《ひょう》を使《つか》えば、どこでも同じように文字をあらわすことができるのです。

A	B	C	D	E	F	G	H	I	J	K	L	M
65	66	67	68	69	70	71	72	73	74	75	76	77
N	O	P	Q	R	S	T	U	V	W	X	Y	Z
78	79	80	81	82	83	84	85	86	87	88	89	90

アルファベットの大文字を、数字にわりあてた「アスキーコード表《ひょう》」の一部《いちぶ》。小文字のa《エー》～z《ゼット》には、97～122までの数がわりあてられている。

	シフトJIS《ジス》コード	コンピュータがあつかうときの数
学	8A77	1000101001110111
校	8D5A	1000110101011010
の	82CC	1000001011001100
イ	8343	1000001101000011
ス	8358	1000001101011000

日本語を数であらわす方法《ほうほう》には、いくつか種類《しゅるい》がある。「学校のイス」という、漢字《かんじ》・ひらがな・カタカナの文字を例《れい》にみてみよう。たとえば「シフトJIS《ジス》コード」とよばれるコード表《ひょう》では、このように4文字の数字とアルファベットの組みあわせであらわしている。コンピュータは、これをさらに「0」と「1」におきかえて、この文字をあつかう。

◉日本語を数であらわす方法《ほうほう》

しかし、日本のように、漢字《かんじ》、ひらがな、カタカナなど、たくさんの文字の種類《しゅるい》がある場合、アルファベットのように、かんたんにはいきません。しくみとしては、アルファベットのあらわし方と同じですが、もっと大きな表《ひょう》をつくらなければなりません。

さらに、世界中《せかいじゅう》にあるたくさんの言語と文字をコンピュータの中であつかえるようにしようとすると、もっともっと、情報《じょうほう》の量《りょう》が多くなっていきます。

現在《げんざい》は、「ユニコード（Unicode）」という、各国《かっこく》の文字をあらわす決《き》まりができていて、それぞれの言語ごとの文字に、一つのコードがわりあてられています。しかし、ふだん、わたしたちがコンピュータを使《つか》うときには、このようなコードを使《つか》っていることを考える必要《ひつよう》はとくにありません。

こうした決《き》まりのおかげで、文字をコンピュータで正しくあつかうことができるんだよ！

もっと知りたい！ プログラミング

すごろく・クイズの答え

本の中で出てきた、すごろくやフローチャートなどのクイズの答えをのせたページだよ。
みんなは、できたかな？

11ページ プログラミングごっこ① の答え

▶ フォークのほかに、コップと麦茶も取《と》ってからケーキをめざす指示《しじ》とルート

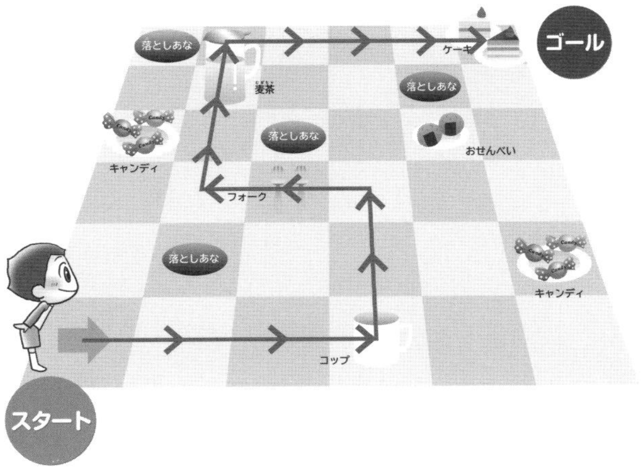

スタート

▼

前に3マス進《すす》んでね（コップを取《と》ったよ！）

▼

左を向《む》いてね

▼

前に2マス進《すす》んでね

▼

左を向《む》いてね

▼

前に2マス進《すす》んでね（フォークを取《と》ったよ！）

▼

右を向《む》いてね

▼

前に3マス進《すす》んでね（麦茶を取《と》ったよ！）

▼

右を向《む》いてね

▼

前に4マス進《すす》んでね

▼

ゴール

13ページ プログラミングごっこ② の答え

▶ 12ページとは反対《はんたい》まわりにぐるっとまわったときの指示《しじ》

スタート

▼

4回くりかえしてね

前に2マス進《すす》んでね

▼

右を向《む》いてね

くりかえし（もどる）

▼

ゴール

みんな、できたかな？
コンピュータに指示《しじ》
するときも、「右」「左」や、
「○歩進《すす》む」みたいに、
はっきりとつたえると
つたわりやすいよ！

20ページ ならべかえてみよう！ の答え

●着《き》がえのフローチャート（腰《こし》から下）

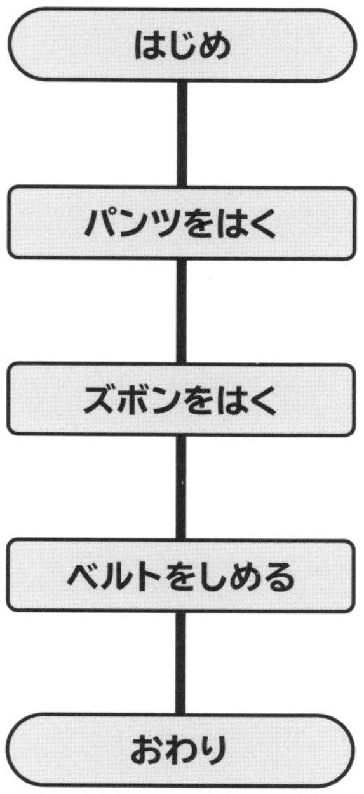

20ページ まちがいさがし の答え

●買《か》い物《もの》のフローチャート

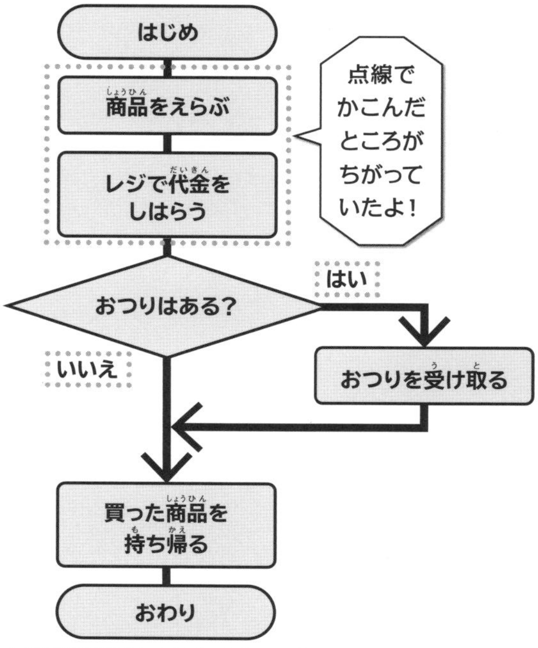

21ページ 何のあそびかあててみよう！ の答え

●あそびの名前

だるまさんがころんだ（はじめの一歩）

●「オニ」の動《うご》きのフローチャート

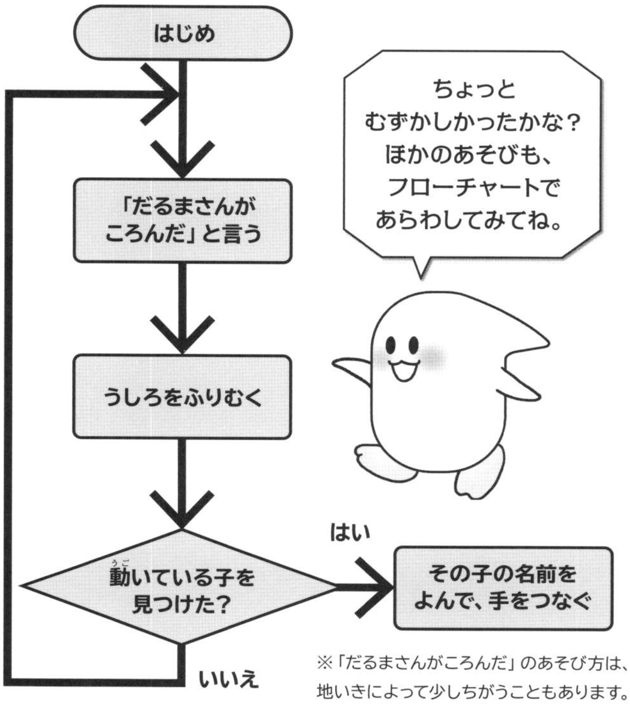

※「だるまさんがころんだ」のあそび方は、地いきによって少しちがうこともあります。

35ページ 文字を「0」と「1」であらわしてみよう！ の答え

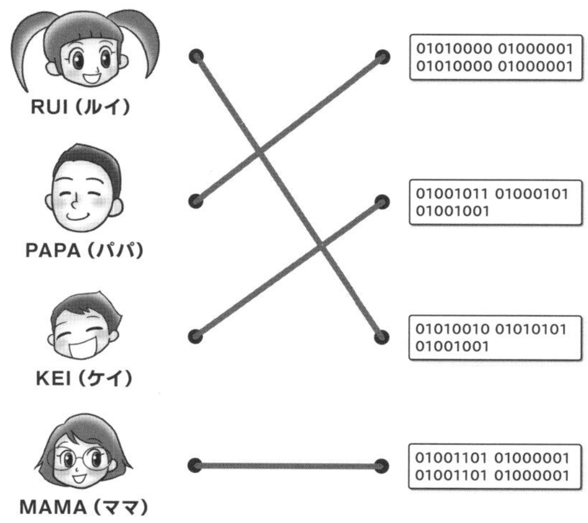

【監修】

小林祐紀（こばやし ゆうき）

茨城大学教育学部准教授

1980年三重県生まれ。金沢市内公立小学校教諭、金沢大学非常勤講師を経て、2015年4月より現職。専門は、授業におけるICT活用、小学校プログラミング教育。小学校プログラミング教育の授業開発に精力的に取り組み、各地域のICT推進事業や各学校における校内研修の講師多数。「文部科学省 ICTを活用した教育推進自治体応援事業（ICT活用実践コース）委員」「文部科学省委託事業 小学校プログラミング教育の円滑な実施に向けた教育委員会・学校等における取組促進事業委員」などの各種委員を歴任。著書に『小学校プログラミング教育の研修ガイドブック』（編著・監修、翔泳社）、『これで大丈夫！ 小学校プログラミングの授業 3+αの授業パターンを意識する[授業実践39]』（編著・監修、翔泳社）、『コンピューターを使わない小学校プログラミング教育 “ルビィのぼうけん” で育む論理的思考』（編著・監修、翔泳社）など。

◉イラスト　千原櫻子

◉装丁・デザイン　アンシークデザイン

◉執筆協力　新妻正夫（桃山. 舎）

◉企画編集　頼本順子、渡部のり子（小峰書店）

◉編集協力　今村恵子（フォルスタッフ）

◉DTP　栗本順史（明昌堂）

◉写真・資料協力

富士通株式会社／富士通クライアントコンピューティング株式会社／富士通コネクテッドテクノロジーズ株式会社／任天堂株式会社／micro:bit教育財団／株式会社jig.jp／新妻正夫／クリエイティブ・コモンズ／PIXTA

Viscuit（ビスケット）は、NTTの委託を受けて、合同会社デジタルポケットが開発しています／micro:bitは、英国BBCが中心となり開発され、現在はmicro:bit教育財団により推進されています／MakeCodeは、Microsoft社により提供されるオープンソースのプログラミング学習プラットフォームです／Scratchは、MITメディア・ラボのライフロング・キンダーガーテン・グループの協力により、Scratch財団が進めているプロジェクトです。https://scratch.mit.eduから自由に入手できます（CC BY-SA）

※本書に掲載の内容は2023年3月時点の情報です。

※各社、各団体によって提供されているツールにつきましては、配色や画像の配置など、予期せぬ変更が発生する可能性があります。

ゼロから楽しむ！ プログラミング　②コンピュータとプログラミング

2020年4月7日　第1刷発行
2023年4月6日　第2刷発行

監修者　小林祐紀

発行者　小峰広一郎

発行所　株式会社小峰書店
〒162-0066
東京都新宿区市谷台町4-15
TEL：03-3357-3521　FAX：03-3357-1027
https://www.komineshoten.co.jp/

印刷　株式会社三秀舎

製本　株式会社松岳社

ISBN978-4-338-33502-7　NDC007.6　47P　29×23cm

※シートはかならずコピーして、みんなで使《つか》ってください。

ゼロから楽しむ！プログラミング

アイデアシート❶

名前＿＿＿＿＿＿＿＿＿＿＿＿＿＿＿＿

コンピュータを入れるとしたら、何に入れて、どんなことをしてみたい？

身《み》のまわりでプログラミングができたらいいかも！
と思うことがないか、考えてみよう！

●何にコンピュータを入れる？	
●どんなことをしてみたい？	
●それは「だれが」「どんなときに」使《つか》う？	
●実現《じつげん》したら、どんないいことがある？	
●イメージ図	